# 人类真的了不起

张腾岳 著

# HUMAN BEINGS
# ARE REALLY AMAZING

湖南科学技术出版社　博集天卷　CS-BOOKY

**图书在版编目（CIP）数据**

人类真的了不起 / 张腾岳著 . -- 长沙：湖南科学
技术出版社，2023.4
ISBN 978-7-5710-2102-3

Ⅰ . ①人… Ⅱ . ①张… Ⅲ . ①科学技术－技术史－中
国－青少年读物 Ⅳ . ① N092-49

中国国家版本馆 CIP 数据核字（2023）第 046973 号

上架建议：畅销·科普

RENLEI ZHEN DE LIAOBUQI
**人类真的了不起**

著　　者：张腾岳
出 版 人：潘晓山
责任编辑：刘　竞
监　　制：邢越超
出 品 人：周行文　陶　翠
策划编辑：刘　筝
特约编辑：周冬霞
营销支持：周　茜
封面设计：左左工作室
版式设计：马睿君
内文排版：百朗文化
出　　版：湖南科学技术出版社
　　　　　（湖南省长沙市芙蓉中路 416 号　邮编：410008）
网　　址：www.hnstp.com
印　　刷：三河市鑫金马印装有限公司
经　　销：新华书店
开　　本：680 mm×955 mm　1/16
字　　数：226 千字
印　　张：19
版　　次：2023 年 4 月第 1 版
印　　次：2023 年 4 月第 1 次印刷
书　　号：ISBN 978-7-5710-2102-3
定　　价：52.00 元

若有质量问题，请致电质量监督电话：010-59096394
团购电话：010-59320018

# CONTENTS 目　录

## 第一章　解放大脑篇

你知道一只小小的青蛙，是如何引导人类发明出电池的雏形的吗？

让我们一同见证在战争中孕育并诞生的机械大脑的发展史吧！

如果没有电子管的出现，就不会出现收音机和电视机，更不会出现今天的计算机和手机，如此伟大的发明，究竟是谁发明出来的呢？

## 第二章 探索世界篇

## 第三章 保卫身体篇

第一章

# 解放大脑篇

——

**? 人类如何驾驭电能**

不可思议！电池的发明，竟然和一只小青蛙有关！

**? 人类如何发明电子计算机**

电子计算机——人类最伟大的技术发明之一，它诞生的背后可是一场腥风血雨……

**? 人类如何开启信息时代**

如果没有电子管的出现，就不会出现收音机和电视机，更不会出现今天的计算机和手机，我们的世界将会截然不同。电子管开启了信息时代！这么牛的东西，究竟是谁发明出来的呢？

# NO.1 人类如何驾驭电能

现如今，五花八门的高科技产品，大大丰富了我们的学习与娱乐生活。

通过智能电子产品去阅读书籍、新闻，已经成为我们习以为常的事情，甚至学校里的很多活动和作业，也是通过智能手机的小程序来打卡完成的。完成了一天的功课后，我们也经常会打开手机或计算机，看看综艺节目或动画片，享受一会儿游戏的乐趣。

一项统计数据告诉我们，当代人平均每天会接触到 10 多种电子产品。可以说，我们的生活已经离不开这些无处不在的电子产品了。

而绝大多数的电子产品，都需要一个重要的元件，那就是电池。

你知道一只小小的青蛙，是如何引导人类发明出电池的雏形的吗？从传说中神明的武器，到现实中被广泛使用的工具，电池的发展，经历了怎样的曲折和突破？

让我们一起来见证电池的诞生史吧！

# 一道汽车动力趣味题

先请大家做一道跟电池有关的选择题：在 20 世纪初，刚刚发明问世的汽车，是靠什么来提供动力的？

A. 内燃机（也就是我们今天所说的柴油机或汽油机）

B. 蒸汽机

C. 电力

正确答案是 C。你选对了吗？

可能有人要问了，这道题里所说的"电力"，跟今**天使用的**电力，有区别吗？

从原理上说，没有任何区别。早期的汽车所使用的电力，跟今天一样，也是一个可以随车携带的能量包，也就是电池。

# 令人敬畏的电

现如今，我们的日常生活几乎完全要依赖电，一旦没有了电，我们的正常生活可能就无法维系。生活在 21 世纪的人类，早已对"电"习以为常。

但是，在还没有掌握发电技术的古代，人类是如何接触到"电"的？他们又是如何看待"电"的呢？

在古人眼中，电，究竟是个什么东西呢？

要说到人类在大自然中能够接触到和看到的"电"，答案显而易见，当然就是雷雨天气时出现的电闪和雷鸣了。

在人类还没有掌握跟电相关的科技时，电，绝对是一个相当可怕的东西，因为它经常会点燃树木，劈塌房屋，甚至还会击倒牲畜，致人伤亡。

在很漫长的历史时期里，电都是一种极其神秘、令人敬畏的东西。

当然，也有先贤对"电"持有不同的理解，比如在东汉的《论衡》[1]

---

[1]《论衡》：它是中国古代一部不朽的唯物主义哲学著作。作者为东汉思想家王充。现存文章 85 篇（其中《招致篇》存目佚文，实际上仅存 84 篇）。——作者注，下同

一书中，就有这样一句记载："云雨至则雷电击。"

这句话很容易理解，每当云雨天气，天空中就会电闪雷鸣。可见《论衡》的作者对天象的观察已经非常透彻。

不仅如此，早在中国古代，就已经有了"打雷"和"闪电"这样的词语，更有"雷电"之说。中国的神话体系之中，也有关于打雷和闪电的神明，那就是雷公和电母。

大家在《封神演义》[1]或《西游记》[2]里，应该都见过雷神的形象。雷神，即雷公，中国古代神话中司雷之神，这位神明的样貌，实在是令人不敢恭维，他手持一柄雷电锤或雷电锥，一出现就轰隆隆地打雷。

电母则是一位女性形象的神明，手里拿着两面铜镜，每当雷公用雷电锤轰隆隆打雷的时候，电母就会在旁边用两面铜镜释放出刺眼的闪电。

雷公和电母总是一同出现，共同作法，可以将他们看成一对组合神明。

这就是中国古人眼中的"电"，那么在西方古人眼中，"电"又是什么样的呢？

在古希腊神话体系中，宇宙中最伟大的神明是宙斯，宙斯的武器就

---

1《封神演义》：又名《封神榜》，长篇小说，相传为明代许仲琳所作，写的是武王伐纣的故事，表现了作者对于仁君贤主的拥护和赞颂，以及对于无道昏君的不满和反抗。

2《西游记》：中国古典四大名著之一，是中国古代浪漫主义长篇小说的代表作，一般认为是明代吴承恩所撰。这部小说以"唐僧取经"为蓝本，通过作者的艺术加工，深刻地描绘了当时的社会生活状况。

图 1 宙斯

是闪电，每当他出现，手里都会拿着耀眼的闪电。

而在北欧的神话体系当中，掌管雷电的神明，就是大家非常熟悉的雷神托尔了。托尔手拿雷神之锤，所经之处，天地间雷声大作，闪电刺眼。

总而言之，我们可以看到，无论是中国古人，还是古希腊人，还是古代北欧地区的人，对于雷电都保持着一种敬畏之情。

除了敬畏，我们也可以从中看出，古人对于力量的崇拜。

人类对于带着可怕力量的雷电，心怀敬畏和崇拜，渴望着有朝一日，自己也能掌握这样强大的力量。

# 起电机的发明

人类对于电的追求与研究，从遥远的古代便已经开始，而直到距今400多年前的1600年，人类才终于在电的领域取得了真正意义上的研究成果。

当年，一本名为《论磁》[1]的著作悄然发表，在这本由一位职业医生

---

1《论磁》：英国医生、物理学家吉尔伯特的科学著作。在书中，吉尔伯特用观察、实验的方法科学地记录了电与磁的现象，该书于1600年在伦敦出版。

撰写的书中，详细地记载了作者用琥珀、硫黄等物质与布料摩擦后吸引纸屑等一些轻小物体的实验现象。

更为重要的是，在这本著作中，作者根据希腊文中的"琥珀"（elektron）一词，创造出了一个全新的英文单词——电（electricity），自此，人类正式开启了对电的追求。

我们要想掌握电，第一步要做什么呢？

答案是先学会制作电，简单来说，就是要先学会发电。

最早尝试发电的人，是当时德国马格德堡市的市长——格里克。

我们可能对格里克这个人不太熟悉，但他可是一位不折不扣的科学爱好者，他做过的最有名的一次实验，就是大名鼎鼎的马格德堡半球实验。

1660 年，58 岁的格里克开始研究静电。某天傍晚，当他用手指拈住一块很小的琥珀时，很小的一点噼啪声传了出来。细心的格里克敏锐地捕捉到了这个不同寻常的声音，他立刻灭掉所有的蜡烛，把琥珀拈起又放下，反复几次，他发现了新的现象，伴随着那噼里啪啦声响的，还有微弱的闪光。

格里克意识到，眼前的闪光或许就是电的某种形态。他立刻取来成本比琥珀便宜的硫黄，将它烧制成球体后，放在木架上绕轴旋转。

经过多次实验后，这台起电机成功创造出了格里克梦寐以求的物质——电。

格里克发明的起电机，就是利用人力或小动力摩擦获得静电的机械。

后来，各个国家的科学家纷纷模仿格里克的起电机，制造出了很多样式的静电起电机。人们通过这小小的机器，亲眼看到闪闪发光的电时，自然觉得特别惊讶和新奇。

而那些致力于研究电的人则开始思考，既然我们可以通过摇动手柄的方式把电制造出来，那么我们可以把这些电火花拿下来吗?

如果这些被制造出来的电可以拿下来，又该如何保存呢?

# 莱顿瓶实验

通过格里克发明的起电机，人类学会了制造电，但制造出来的电，该如何保存呢?

1745—1746 年，一位来自荷兰莱顿大学[1]的物理学教授完成了这个工作，他的名字叫米欣布鲁克。

米欣布鲁克设计了这样一个实验:先在一个玻璃瓶里装上水，再用软木塞把瓶口塞起来，在软木塞上钉一根铁钉，把铁钉与起电机连在一起，然后米欣布鲁克开始摇动手柄。

---

1 莱顿大学:世界著名综合研究型大学，欧洲最具声望的大学之一，成立于 1575 年 2 月 8 日，是荷兰王国第一所大学。在过去近 5 个世纪中，莱顿大学培养了众多影响人类文明进程的杰出人才。

就在这个时候，米欣布鲁克的助手无意中摸了一下铁钉，立刻大叫一声，毫无疑问，助手被电了一下。

米欣布鲁克立刻敏锐地意识到，这很有可能说明，电被留下来了。

于是米欣布鲁克又将实验重复了一次，只是这次他跟助手交换了位置，他亲自感受了一下被电打到的滋味。

自从人类用文字记录历史以来，除了被自然界的闪电劈中的人，米欣布鲁克和他的助手应该是首次被电打到的人。

米欣布鲁克立刻把自己的发现公开了，很快，这个消息引起了一位名叫诺莱特的法国神父的兴趣。诺莱特将实验中能够储存电的瓶子命名为莱顿瓶。

莱顿瓶是人类最早发明的能够把电储存起来的容器。从广义上来讲，莱顿瓶就相当于最早的电池。

然而，尽管米欣布鲁克的莱顿瓶实验大获成功，但由于他的影响力有限，这次实验并没有在社会上造成太大的影响。

幸好，诺莱特神父帮了米欣布鲁克一个大忙，他在自己的教堂为推广莱顿瓶举行了一场盛大的活动。

1747 年，在巴黎的一座教堂里，诺莱特神父举办了一场规模空前的"千人震"实验，目的正是推广米欣布鲁克的惊天大发现。

实验当天，数百名被召集来参与实验的修道士，在诺莱特神父的安排下，手牵手排成一条直线，在众多达官显贵的注视下，排在直线一端的人，按照诺莱特神父的要求触摸莱顿瓶，而在直线另一端的人，则手牵着从莱顿瓶里牵引而出的导线。

当触摸莱顿瓶的口令下达的一瞬间，拉在一起的数百人同时被贯穿的电流击中，发出了痛楚的叫声，甚至有人被电击得倒在了地上。

自此，莱顿瓶实验终于成功引来了全世界的关注。

# 富兰克林与风筝实验

诺莱特神父的"千人震"引发了轰动，之后，很多人开始模仿诺莱特，进行类似的大型表演。一时间，莱顿瓶实验风靡全世界。

其实，科学在最初诞生的时候，在毫不知情的老百姓的眼中，确实更像是魔术。

当时，上至王公贵族，下至贩夫走卒，大家看到被存储在莱顿瓶里噼啪乱闪的电，只是觉得这太神奇了，太好玩了。至于莱顿瓶背后的科学原理，很少有人愿意去深究。

当然，总会有少数先知先觉的人，他们愿意把一个问题想得彻彻底底，直到追溯到它的根源。

在当时的美洲大陆上，就有这样一个人，他对莱顿瓶产生了极其浓厚的兴趣，这个人是谁呢？他就是赫赫有名的本杰明·富兰克林[1]！

---

1 本杰明·富兰克林（1706—1790）：美国政治家、物理学家、共济会会员，《独立宣言》的起草者和签署人之一，美国开国元勋之一。

富兰克林做了大量跟电有关的实验，还记录下了其中很有意思的过程。

比如在1750年12月25日，他在写给朋友的一封信中，就描述了他在实验中犯的一个令他后悔不已的错误：

我最近做了一个我希望绝不再犯相同错误的电试验。

两天前，我正要用两个大玻璃瓶，里面有40个普通小瓶的电火量，来杀死一只火鸡时，我一不小心，一手握着上面所有的金属束，另一手拿着连接两个玻璃瓶外面的金属链，而让所有的电火量都通过了我的双臂和身体……

我注意到的第一件事是我的身体一阵剧烈、快速地摇晃，之后才慢慢缓和下来，我的知觉也渐渐恢复……

看到富兰克林触电的这段记录，大家是不是觉得有点好笑？哪怕是像富兰克林这样的大科学家，也会在实验中犯一些不该犯的错误。

当然了，富兰克林的这次错误，也让他意识到了电的可怕。

当时，莱顿瓶实验风靡一时，人们沉迷于被电一下的刺激，以至于很多人都忘了，电其实是一种具有可怕杀伤力的东西。

富兰克林做了很多与电相关的实验，其中最为人所知的成果，就是他意识到了天上的闪电和莱顿瓶中的静电是同一种东西，所以后来所有写富兰克林的文章，都会提到他最著名的风筝实验：

相传在1752年，一个暴风雨即将来临的日子，富兰克林和他的儿子威廉一起，带着一个安装了金属杆的风筝，来到一片空地上。

很快，雷电交加，大雨倾盆。

终于，一道闪电从风筝上掠过，富兰克林赶紧用手靠近安装在风筝线上的铁丝，身体立即传来一阵恐怖的酥麻感。他兴奋不已，宣布自己捕捉到了天电。

这个故事广泛流传于美国各地，然而科学家们却纷纷对此表示质疑，如果富兰克林像故事里那样直接被雷电击中，绝不可能安然无恙，而且风筝线极有可能被直接烧毁，几乎没有导电的可能性。

所以，事情的真相很有可能是，富兰克林只是提出了捕捉天电的设想，但他很清楚这么做的危险性，并没有真的付诸实施。

风筝实验让富兰克林有了一个大胆的猜想：电，这种令古人惊恐万分的神秘能量，其实和能吸引轻小物体的静电是同一种东西。

这个猜想穿越了大洋，传到了法国。随后，一群法国人通过实验，证明了富兰克林的猜想是成立的。

在法国巴黎附近，有一个叫作马利拉维尔的地方，布丰伯爵在这里验证了富兰克林的猜想。布丰伯爵制作了一个由 3 根木棒支撑，中间放置一根 12 米高的铁棒，铁棒下端插入一个玻璃瓶的实验仪器，玻璃瓶相当于莱顿瓶，用以收集天上来的闪电。

1752 年 5 月 20 日，一道闪电击中了铁棒，一名实验助手在用手触摸玻璃瓶时，火花四溅。这个实验验证了富兰克林的设想——天上的闪电和人们发现的静电，是同一种物质。

但是这个实验实在是太危险了，后来一位德国科学家在复制这个实验时，不幸触电身亡。

# 蛙腿论战

在莱顿瓶刚刚被发明的时代，大多数人只把它当成一种娱乐工具，只有少数像富兰克林和那位不幸离世的德国科学家那样的人，愿意孜孜以求地去深入研究和探索电。

当发现天上的闪电和莱顿瓶里的电是同一种东西后，科学家们就开始思考一个新的问题：电，这种强大的能量，除了能把人电得跳起来，还有什么其他的用途呢？

接下来，一场关于蛙腿的著名论战，终于开启了电力应用的广阔天地。

1780年11月的一天，意大利生物学家伽伐尼[1]在厨房里做饭，他准备做一道当地传统美食——烩蛙腿。伽伐尼平时用惯了实验工具，所以就连做饭时，他也习惯用手术刀进行烹饪操作。

在一旁观看丈夫做饭的妻子一时兴起，用手术刀的刀尖拨了拨

---

1 伽伐尼（1737—1798）：意大利医生、动物学家，从小接受正规教育，1756 年进入波洛尼亚大学学习医学和哲学。

蛙腿。

没想到，当刀尖碰到蛙腿上的神经时，已经死掉的青蛙居然颤抖了几下，误以为青蛙活过来的妻子被吓得大声尖叫起来。

伽伐尼对这个现象产生了强烈的好奇，随后开始了相关的科学研究。

不久之后，伽伐尼对外宣布，他发现了动物电。

伽伐尼关于动物电的论文发表之后，他所发现的动物电以及激发动物电的方法，在当时的欧洲引起了前所未有的轰动。伽伐尼的很多好朋友都来祝贺他，唯有一个名叫亚历山德罗·伏打[1]的好友，对伽伐尼的看法持不同意见。

其实一开始，伏打还是很相信伽伐尼的，认为伽伐尼做出了一个天才的发现，但经过一番研究之后，伏打觉察到事情好像不太对劲——只有用两种不同材质的金属线去接触青蛙腿时，青蛙才会抽动；如果只是用同一种材质的金属线去触碰青蛙腿，死去的青蛙就不会有任何反应。

伏打认为，青蛙的抽动现象并不是由于生物体内的动物电，而是因为和潮湿的蛙腿接触的金属，青蛙只是受到金属与湿动物肌肉接触后产生的电流的影响而发生抽动。

同样的现象，伽伐尼和伏打却得出了两个截然不同的结论，由此便引发了科学史上非常有名的蛙腿论战。

论战分为两派，一派以伏打为代表，他们认为青蛙的抽动是缘于接

---

1 亚历山德罗·伏打（1745—1827）：意大利物理学家。因在1799年发明伏打电堆而闻名于世，后受封为伯爵。

触电；另一派则以伽伐尼和他的侄子为代表，他们坚信青蛙的抽动是动物电的表现。

双方从一开始的口头争论，逐渐演变为见诸报端、通过媒体隔空喊话的论战，战况愈演愈烈。

1798 年的一个下午，伽伐尼和伏打各自邀请了自己的支持者，在意大利北部帕维亚大学的学术大厅里，进行了一场火药味十足的学术论战。

在台下数百名观众的围观下，双方和其支持者各抒己见，互不相让，辩论竟在不知不觉间持续了数个小时。

这场原本仅限于科学领域内的争议事件，也由于双方及其支持者激烈的口诛笔伐，而成了 1798 年整个欧洲都知晓的科学事件。

# 一条鱼带来的壮举

伽伐尼和伏打各执一词，蛙腿论战终于从口诛笔伐进入实验验证阶段。

作为这个现象的发现者，伽伐尼率先通过实验证明了自己提出的动物电的正确性，他和他的支持者们展开了多项实验来回击伏打的质疑。

伽伐尼先使用相同材质的金属，向对方证明，并非金属间的电压差造成蛙腿抽动；随后又使用了汞和木炭等物质，向伏打展示，非金属同样可以做到；最终，伽伐尼更是拿出另一条青蛙腿上的神经，去接触实验青蛙，结果如伽伐尼所料，实验再次成功了。

一系列实验的结果毋庸置疑，几乎所有人都接受了伽伐尼的动物电理论，伏打陷入了"举世皆醉我独醒"的窘境。

但是唉声叹气是没有用的，作为一名科学家，必须要用科学来证明自己的正确。伏打把自己关在实验室里，开始疯狂地进行各种动物电和接触电的实验。

在一次实验中，伏打把两种不同材质的硬币放到自己的舌头上，再将一把银勺子放在两枚硬币上面，当银勺子同时接触到两枚硬币的瞬间，伏打感觉到自己的舌头传来一阵刺痛，很像在莱顿瓶放电实验中人被电打到的感觉。

这个现象让伏打更坚信自己的观点没有错，但同时他也意识到，由于舌尖的刺痛感很微弱，他很难向别人展示这个实验，他需要将接触电的电流变强。

伏打阅读了大量的科学著作，尤其是英国伟大的科学家亨利·卡文迪许[1]关于电鳐的研究理论。伏打仔细观察了电鳐背部不同的腔室，不禁想到，是不是就是这些腔室的构造导致了电鳐可以放电呢？

电鳐是生活在大海里的一种神奇的海洋生物，在它头胸部的腹面两侧，各有一个肾脏形、蜂窝状的发电器，其中包含有 200 万块可以发电

---

1 亨利·卡文迪许（1731—1810）：英国化学家、物理学家。1760 年入选英国皇家学会，1803 年成为法兰西科学院的 18 名外籍会员之一。

图 2 电鳐

的电板。这些电板之间充满了胶质状的物质，可以起到绝缘作用。

每个电板的表面都分布有神经末梢，一面为负电极，另一面则为正电极。电流的方向是从正极流到负极，也就是从电鳐的背面流到腹面。在神经脉冲的作用下，这两个放电器就能把神经能转化为电能，令电鳐放出电来。

根据电鳐放电的原理，伏打做了一个小实验，他找来一块铜板，在上面放上一张浸泡过稀酸的纸，再在纸上盖上另一种金属板，当伏打用导线将其连接到自己的舌头上后，果然被电了一下，而这一次电击的强度，可要比之前用硬币实验时大多了。

伏打虽然被电得舌头生疼，但是他很高兴，因为这意味着实验成功了！

随后，伏打将这个用金属板制成的小装置继续放大，令其更适合向人们进行演示。最终，伏打做成的终极装置，被命名为伏打电堆。

伏打电堆，不仅能实现金属与酸的反应，被沿用至今，同时也是人类历史上最早能够获得持续且稳定电源的实验，被称为近代化学电池的雏形。

# 电气时代来了

伏打电堆实验的成功，让伏打本人收获了巨大的名声和荣耀。

一时间，欧洲贵族们将约见伏打视为一个彰显身份的举动。

1801 年 10 月 6 日，拿破仑在巴黎召见了伏打，让伏打亲自为他演示伏打电堆实验。拿破仑非常欣赏伏打，当场授予他 6000 法郎的奖金，后封他为伯爵。这件事情充分说明了拿破仑对于知识的尊重。

伏打的发明令整个欧洲为之折服，它使得人类第一次获得相对稳定而持续的电流，换言之，神的武器终于被人类掌握了。

有了伏打电堆，人类就可以进一步开展大规模的电学研究了。

在蒸汽机引领人类进入蒸汽时代的 100 年后，随着伏打电堆的出现，生产力又迎来了一次大飞跃，第二次工业革命到来了，人们将第二次工业革命之后的时代称为电气时代。

随着直流电力被广泛使用，发明家们创造出了一系列改变人类生活方式的机械工具，越来越多的人依靠这些神奇的电器，改变了自己的人生轨迹。

在伏打电堆甫一发明问世，人们便兴致勃勃地用它进行各种各样的展览和表演，在这个过程中，有人无意中发现，伏打电堆在一些特定的时候，能够释放出耀眼的电弧。

大多数人只是觉得这一闪而过的电弧很新奇、很漂亮，惊叹一番就将之抛到了脑后。

而一个名叫汉弗莱·戴维[1]的英国人却敏锐地意识到，这道一闪而过的光，或许可以让人类告别用蜡烛照明的时代。

1810年，戴维在英国皇家学院的地下室里制造出了当时世界上最大的电池。

戴维将2000个伏打电堆连接在一起，目的就是要输出尽可能多的电，为他即将进行的实验提供充足的电能。

当时，很多人期待着见证戴维口中那激动人心的奇迹。

众目睽睽之下，戴维把连接好的伏打电堆用金属导线接了出来，把两根导线分别接在两根炭棒之上，然后把两根炭棒慢慢地靠到一起，再渐渐地拉开。在这个过程中，原本灰暗的大厅里，突然发出一片光亮，在两根炭棒之间，产生了令人睁不开眼的白色弧光！

戴维的电弧照明实验，在欧洲引发了不小的轰动。

---

1 汉弗莱·戴维（1778—1829）：英国化学家，农业化学开创者。1807年，用电解法离析出金属钾和钠；1808年，分离出钙、锶、钡和镁等碱土金属；1815年，发明了矿用安全灯。

在白炽灯统治世界之前，电弧照明已经得到了比较广泛的应用，这也是电气时代来临的一个极为重要的标志。

# 法拉第发明发电机

戴维发明的电弧照明灯为人类迈入电气时代拉开了帷幕。直到今天，电弧照明灯仍然保有它的生命力。

但在伏打电堆问世之初，它还存在着一个很大的缺陷，那就是鉴于它的结构，它不可能为人们提供长久的、持续的、稳定的电能。

时代在呼唤更有能力的人出现，来帮助人们去改进伏打电堆，或者干脆走上另外一条全新的发电之路。

这个人很快就出现了，他就是丹麦物理学家汉斯·克里斯蒂安·奥斯特[1]。

奥斯特出身于一个药剂师家庭，他从小就对化学、物理和药剂学非常感兴趣，进入大学之后，他系统地学习了医学和自然科学，同时还考

---

1 汉斯·克里斯蒂安·奥斯特（1777—1851）：丹麦物理学家、化学家。率先发现载流导线的电流会产生作用力于磁针，使磁针改变方向，还发现了铝元素，是"思想实验"这个名词的创造者。

取了哲学博士。或许是由于在哲学体系中，自然界的各种现象都是相互关联的，一直以来，奥斯特都坚信，电和磁存在着某种联系。

1820年4月的一天，在大学教书的奥斯特做了一个实验，他把一根磁针放在导线的侧面，与导线平行。当他给导线接通电流的时候，发现磁针出现了轻微的摆动，这正是他预期的实验结果。

在随后的三个月，奥斯特又进行了多次实验，考查了电流对磁针的影响，最终，他将这些实验写成论文，传遍了欧洲，他的实验结果迅速得到了很多物理学家的证实。

奥斯特的实验使人们确信，电流能够产生磁场。

接下来，很多物理学家很自然地就提出了一个反向的问题：既然电能产生磁，那么磁能产生电吗？

为了解开这个谜题，有着"电学之父"之称的著名科学家迈克尔·法拉第[1]，用10年的时间解决了让磁生电的难题。

1831年，法拉第做了一个实验，用磁铁穿过闭合电路，探测到了微小的电流，成功地把磁铁运动的机械力转变成使电荷移动的电力。

在此之后，法拉第不断地研究，终于试制出第一台真正的发电机。

法拉第使用简单的水银杯、磁铁、导线和电池组，实现了实验模具内电能向机械能的转化。他把一个可转动的金属圆盘放在磁铁的磁场

---

1 迈克尔·法拉第（1791—1867）：英国物理学家、化学家。他出身于贫苦的铁匠家庭，仅上过小学，自学成才。1831年，他首次发现电磁感应现象，做出关于电力场的关键性突破，改变了人类文明，被称为"电学之父"和"交流电之父"。

中，当圆盘旋转时，出现了电流，这就是历史上第一台发电机，它为人类拉开了电气时代的序幕。

在此之后，各类发电机又经过了多次的改进和优化，虽然在结构上有了很大的变化，但原理和法拉第的第一台发电机没有本质的区别。

# 普兰特发明铅酸蓄电池

发电机的发明，让人类终于拥有了源源不断的电能。

但是，发电机也存在着缺陷——哪怕是到了今天，最小的发电机也不可能被人们随时随地背在身上。

所以，能够随身携带的更轻便的电池，成了被时代热切呼唤的发明。

1859 年，法国物理学家普兰特发明了世界上第一款可以充电使用的电池，那就是铅酸蓄电池。

到了今天，铅酸蓄电池依然被我们使用着。比如汽车当中使用的蓄电池，几乎都是铅酸蓄电池。

那么，有着 100 多年历史的铅酸蓄电池，是怎么进行工作的呢？

铅酸蓄电池是以二氧化铅作为阳极，铅作为阴极，硫酸作为电解液，并借助彼此间的电化学反应提供电能的装置，这种装置也统称为原电池。

伏打电堆虽然能够提供电能，但是它的缺点也很明显，夹在电极之间的用稀硫酸浸湿的布很容易干，布一干，整个电堆就没有办法继续工作了。

后来，人们就用了一个简单的办法，把电极直接泡到电解液当中，这样电池的性能就变得比较稳定，这便是铅酸蓄电池。

发电机的发明促进了蓄电池的推广，蓄电池可以通过充电的方法得到廉价的电流。在那个时代，围绕着电，一系列的周边产品应运而生。其中最有名的，就是爱迪生发明的白炽灯。

不过，爱迪生的白炽灯的供电系统是基于直流电的，对于蓄电池有自己的需求，因此，普兰特改进了铅酸蓄电池。

当时的人们恨不得把铅酸蓄电池用在所有的场合之中。

在1881年的巴黎国际电器展览会上，法国人特鲁韦展出了能够实际操作使用的一条船和一辆电动三轮车。在众多展品中，人们发现了一件令他们十分惊奇的东西——一条小船。

这条小船不是用人力、风力及蒸汽推动的，而是用电。

小船的发明者特鲁韦亲自驾驶着这条小船，沿着塞纳河航行，吸引了河畔上无数旁观者羡慕的目光，而为这条小船提供电能的，正是普兰特发明的蓄电池。

# 干电池问世

便携的铅酸蓄电池和能够提供稳定电流的发电机，促进了很多新发明的产生。

不过，最初的铅酸蓄电池跟今天的蓄电池还不太一样，其中含有大量的酸性液体，这些酸液一旦泄漏，会产生非常严重的后果。

铅酸蓄电池里的硫酸令它的安全性一直广受诟病，当时甚至有人把它称作"能发电的液体炸弹"。正是因为这个，这款电池始终未能广泛地进行商业化推广。

那么，人们是怎么解决铅酸蓄电池的安全问题的呢？

1887 年，英国人赫勒森改进了铅酸蓄电池的介质，他使用了一种接近固态的糊状电解液，这让铅酸蓄电池的安全问题得到了妥善解决，也更便于携带。

赫勒森研制的这种新型铅酸蓄电池，被称为碳锌干电池。

碳锌干电池发明之后，世界上陆续出现了各种材料的干电池，使得干电池迅速发展成一个庞大的家族。

但是慢慢地，人们又对价格低廉、使用和携带方便的干电池提出了更高的要求——一块干电池使用了一次就没用了，实在是太可惜了，它能不能像蓄电池一样通过充电来循环使用呢？

极具商业敏锐度的爱迪生和他的团队立刻捕捉到了这个商机，迅速投入到了这一研究领域中。由于已经有了成熟的技术和前人的科研基础，爱迪生和他的团队的研发工作进展得十分顺利。

1890 年，他们就推出了一款全新的可充电蓄电池，这款电池没有使用铅和酸作为原材料，而是采用了铁和镍，所以被称为镍铁电池。

爱迪生为镍铁电池申请了专利后，这款号称性能出众的新款电池，立刻成了工业牵引动力领域的热门产品，其中尤以电动汽车领域对其最为追捧。直到 20 世纪七八十年代，世界上许多国家依然在全力研发以镍铁电池为核心的电动汽车。

德国和瑞典等国家通过对镍铁电池材质的研发与升级，在短短 5 年间，就将这种电池的性能提升了数倍，同时大大降低了成本，延长了电池的使用寿命，让镍铁电池成了广受市场青睐的成熟产品。

而在此之前，性能与便携性大大提升的电池，早已催生出了许许多多的科技新产品。

从铅酸蓄电池到爱迪生的镍铁电池，这种储存电力的产品，逐渐变得既安全又实用，而技术逐步成熟的电池，将催生出许许多多与我们的生活息息相关的电子产品。

在百余年的时间里，我们现如今司空见惯的各种依靠电池提供动力的小家电纷纷问世：

1903 年，世界上第一支手电筒问世，由于这种手电筒的发光性能不稳定，时明时暗，所以手电筒的英文是 flashlight，意思就是不断闪烁的灯光。

到了 20 世纪初，第一台电动剃须刀问世；1952 年，第一块电子表问世；1973 年，第一部手机问世；1975 年，第一台数码相机问世；1981 年，第一台便携式计算机问世；1998 年，第一台 MP3 播放器问世……

可以毫不夸张地说，如果没有电池，我们今天的生活肯定会大为不同，极为不便。

# 电池的型号与种类

现如今，我们的生活已经离不开电池了，随身携带的手机、便携式计算机、iPad（苹果平板电脑），都离不开电池；家里的很多电器也离不开电池，比如家家都有的燃气灶，如果没有电池，就别想把火打着。

一说到电池，大家肯定都知道它是分型号的，我们常用的有 1 号电池、5 号电池和 7 号电池。

不知道大家有没有注意到，我们很少使用，甚至都没听说过 2 号、3 号、4 号和 6 号电池，更进一步的问题是，电池为什么要分型号呢？不同型号、种类和形状的电池，究竟有什么区别呢？

答案其实很简单，电池之所以要分型号，并不是由电池的原理来决定的，而是为了让电池适用于不同的应用场景。

不同型号的电池可以适用于不同的电压、电流和供电量场合，这就像我们去商店买饮料一样，之所以要分成大杯和小杯，是考虑到顾客能喝多少饮料，并不是由饮料本身来决定的。

发展至今，电池尽管划分出了不同的种类，有着不同的形状，但不同型号的电池从原理上并没有本质的区别，而直到今天，人类对于电池的探索与研究仍在继续。

在百余年的电池发展历程中，不知道大家有没有发现一个非常有意思的现象——每当人类发展进程遇到瓶颈的时候，就会有如凭空而降般，出现一个拥有超级能力的智者，他以自身强大的思维能力、天马行空的想象力及无与伦比的韧性，引领和帮助其他人攻克难关。

从人类最早对电的崇拜，发展到可以掌控电，再到今天，人类可以把电束缚在一枚小小的电池当中，随身携带，人类对电的研究已经达到了非常成熟的阶段。

然而，对人类来说，这样就足够了吗？

人类的文明是靠源源不断的好奇心去推动的，每一次科学和技术的进步，都源自人类对未知的不满足和对未来的期许。

在未来，电池究竟会变得多么强大，还会给我们带来多大的惊喜，让我们拭目以待吧！

# 结　语

随着时代的发展与进步，电池也发展出了五花八门的新种类，人类早已不再满足于安全与便捷这些古早电池的基本要求。

在高科技的加持下，新品种的电池更加注重多功能化、高效率化、清洁化等问题，而值得高兴的是，这类新能源电池的技术水平在逐年上升。

人类从最早发明出第一台起电机的雏形，经历了漫长的实验与研发，逐渐让电力成了一种不仅可以被使用，也能够被容纳的便携能量。

电力，这种曾经只存在于神话中的能量，必定会以更加安全、环保的形式，协助人类走向更加美好的未来。

NO.2 人类如何发明电子计算机

在第二次世界大战中，同盟国跟纳粹之间展开了一场智力的较量。

战争、密码、破译、水雷、原子弹、计算……激烈的智力角逐，呼唤着更快、更强的运算和信息处理能力，最终促成了电子计算机的诞生。

电子计算机是人类最伟大的技术发明之一，它的出现和广泛应用，将人类从繁重的脑力劳动中解放出来，在社会各个领域提高了信息的收集、处理和传播的速度，直接加快了人类向信息化社会迈进的步伐，是科学技术发展史上的里程碑。

通过这一节，让我们一同见证在战争中孕育并诞生的机械大脑的发展史吧！

# 神秘的布莱奇利庄园 ¹

第二次世界大战期间，在距离伦敦西北约 70 千米的密林中，在一座维多利亚式的庄园中，临时修建了由许多窝棚组成的简易战地医院。

虽说这是一座医院，但造访这座"医院"的人并非患者，而是一群十分神秘的人，他们中有大学教授，有普通市民，也有穿着考究的富家公子，但无一例外的是，所有人都行踪隐秘，沉默寡言，在外人面前缄口不谈庄园里的任何情况。

那么，这座神秘的庄园到底是个什么地方呢？

其实呀，这里就是第二次世界大战时期，英国情报中心的超级机密研究所——布莱奇利庄园。

在整个第二次世界大战期间，布莱奇利庄园每天晚上都灯火通明，人来人往，据说每天都有一万多名工作人员在这里通宵达旦地工作。那

---

1 布莱奇利庄园：第二次世界大战期间的密码破译中心（别名 X 站）。在这里，由一群天才数学家组成的特别行动小组破解希特勒和他的高级统帅部使用的德国恩尼格玛和其他更复杂的代码。

么，这些人在这里究竟做着什么工作呢？

答案是，他们在从事一项非常重要的工作——破译纳粹德国的机密信息。

所谓机密信息，也就是用无线电通信发出的密码电报。大家应该都知道，在使用无线电进行通信的时候，需要使用莫尔斯电码。

所谓莫尔斯电码，就是利用代表不同声波长度的点和横，来替代不同的字母，由字母再组成单词，组成数字，最终发送出完整的电报。

当各国都掌握了莫尔斯电码之后，人们意识到，如果大家都使用同样的方式进行无线电编码，大家就可以相互读取机密电报，国与国之间就无法进行信息保密了。

在这种情况下，密码应运而生。所谓密码，就是通过不同的排列组合，将信息内容进行特殊的编码，使信息变成"我自己明白，而敌人不明白"的形式。

在密码诞生之初，所有的密码都由人工编写而成。

然而，人工编写的密码有一个致命的缺陷，那就是很容易被人工破译。

为了解决这个致命的缺陷，有人发明了一台神奇的机器，通过这台机器的加密编写，使得密码变得更加复杂，依照当时的技术水平，凭借人脑根本无法破解。

那么，这台神奇的机器究竟是什么样子的呢？

# 无人问津的恩尼格玛密码机 [1]

下页图中展示的就是可以编写密码的神奇机器的模型，没错，它就是大名鼎鼎的恩尼格玛密码机！

恩尼格玛在德文当中的原义，就是谜。

我们在图中可以看到，恩尼格玛密码机的键盘跟我们现在使用的英文打字机或计算机的键盘区别其实不是很大，只要按下相应的按键，就可以打出对应的字符。

它真正的特别之处在于它的显示板和转子区。

我们在恩尼格玛密码机的键盘区输入的字符，通过机器里面的一套复杂的加密系统，在显示板上会被转化为截然不同的字符。比如我们在键盘区输入"MAN"（男人），通过机器内的编码器的转换，到了显示

---

1 恩尼格玛密码机：德语为 Enigma，又译为哑谜机，或"谜"式密码机，是一种用于加密与解密文件的密码机。确切地说，恩尼格玛是对第二次世界大战时期纳粹德国使用的一系列相似的转子机械加密与解密机器的统称，它包括许多不同的型号。

图 3　恩尼格玛密码机

板上，也许就显示为"DOG"（狗）了。

然而这只是第一道加密，随后，拨动恩尼格玛密码机上方的三个转轮，也就是转子，会将"DOG"这个词进行第二次加密，也许经过转子区加密后，"DOG"又变成了"CRY"（哭）。

总之，每一道加密程序都会将输入的字符进行一次转化，并且这种转化是由机器来完成的，以人工的方式根本无法进行破译。

这样一来，就算发出的机密通信被敌人拦截到，他们也无从破译出真正的信息。

恩尼格玛密码机的发明者亚瑟·谢尔比乌斯，于1918年2月为恩尼格玛密码机申请了发明专利。

谢尔比乌斯绝对称得上人类历史上最著名的密码学家之一了，要知道，他身后没有政府机构的扶持，也没有大财团的资金辅助，完全靠他一个人单打独斗，居然就发明制作出了这样一台谜一样的密码机。

为恩尼格玛密码机申请了技术专利之后，谢尔比乌斯满心欢喜，因为他认为，在当下的欧洲，这台可以保证信息传递绝对安全的密码机，一定会让他赚得盆满钵满。

然而，事实却让谢尔比乌斯大失所望。

也许是恩尼格玛密码机实在太神奇了，它的工作原理真的就像谜一般，匪夷所思，所以在诞生之初，几乎没人能理解它的重要性。

大家不妨再想想，谢尔比乌斯为恩尼格玛密码机申请专利的时间——1918年2月，这个时候第一次世界大战还没有结束，参战双方根本没有精力去关注一台小小的密码机。

# 纳粹德国的秘密新"武器"

面对恩尼格玛密码机无人问津的窘境，谢尔比乌斯并不气馁，而是迎难而上。20 世纪 20 年代，他又开发出了商用型、豪华版的恩尼格玛密码机，准备在市场上公开发售。新型密码机的定价——大约相当于今天的 3 万美元——高得令人咋舌，这在当时那个年代，无异于天价。

在商业领域和日常生活中，根本不会有人花这么多钱去购买如此昂贵的密码机。所以，在恩尼格玛密码机问世的头几年，不论是商用市场、政府部门还是军方，对这台机器都毫无兴趣。

直到 1923 年，事情终于迎来了转机。

这一年，英国发布了一项报告，声称在第一次世界大战交战期间，英国已经对德国采用的通信密码方式有所了解，并且进行了破译。也就是说，德国人自以为天衣无缝的加密通信，其实都已经被英国人掌握了。

一时间，德国的政府部门、情报部门和军方大为震动，他们顿时觉得自己处在一种非常不安全的状态，加密通信被破解，就意味着他们已经完全暴露在敌人面前，处于极度被动和危险的状态中。

为了改变这种极为不利的处境，德国人绞尽脑汁地思索对策，很快，有人提议，市面上有一种名为恩尼格玛密码机的机器好像可以试一试。

就这样，谢尔比乌斯发明的这台谜一样的密码机，终于得到了重视，派上了大用场。

从 1926 年开始，德军开始投入使用恩尼格玛密码机。

当时，虽然从表面上看，第一次世界大战已经结束了，但实际上战争只是进入了短暂的休战期，新的战争正在看似平静的表面下酝酿着。

所有曾经被德国打击过的国家都在警惕着德国的一举一动，法国的情报部门就是如此，他们时刻关注着德国的机密通信，以防止纳粹卷土重来，再次发动战争。

而当德国启用了恩尼格玛密码机后，对周边的国家而言，这绝对是一个巨大的挑战，因为它们无法再破译德国的机密通信，无法再刺探德军的动向。

法国一心想要再次破译德国的密码，可是始终找不到一手资料，仿佛就在一夜间，德国的密码变成了无人能解开的"谜"！

# 数学三杰和炸弹破译机

由于启用了恩尼格玛密码机，德国的机密通信变成了无法破解的谜，令以法国为首的周边国家极为不安。

没想到，就在法国的破译部门陷入极度焦灼的状态中时，事情再次出现了转机——德国的情报部门出现了一个叛徒！

这个叛徒的名字叫作汉斯·提罗·施密特。

没有人知道汉斯·提罗·施密特为什么会背叛德国，总之，在1931年11月8日这一天，他带着有关恩尼格玛密码机的情报，与法国情报人员在比利时接头，双方一拍即合，只要法国出钱，汉斯·提罗·施密特就把恩尼格玛密码机交给法国。

就这样，法国拿到了恩尼格玛密码机。

一开始，法国人喜出望外，他们终于能再次破译德国的密码了。

但很快，法国人就笑不出来了，因为他们发现，虽然他们拿到了恩尼格玛密码机，但是搞不懂这台机器的加密方式，依然无法破解德国人的密码。

法国人一筹莫展，无奈之下，只好将恩尼格玛密码机转交到了波兰的情报机构。

大家是不是非常好奇，难道波兰人就有能力破解这台谜一样的密码机吗？

没错，波兰人的确做到了法国人没有做到的事情，他们破解了恩尼格玛密码机的秘密。在破译过程中，贡献最大的人有三个，他们后来被称为波兰的"数学三杰"。

他们分别是马里安·雷耶夫斯基、亨里克·佐加尔斯基和耶日·鲁日茨基。

那么，数学三杰是怎么破译恩尼格玛密码机的呢？

德国人在使用恩尼格玛密码机的时候，为了杜绝人工输入时可能会发生的错误，发明了"指标组重复"的工作方法。也就是同一组密文，工作人员必须重复输入三次，比如电文为"AHK"，工作人员在输入的时候就必须重复三次，输入"AHKAHKAHK"，这样的重复输入操作，其中必然存在巨大的漏洞，这就为破译分析提供了重要的素材。

数学三杰正是通过这个漏洞，摸索出了德国的加密规律，并研制出了恩尼格玛密码机的天敌——炸弹破译机！

"炸弹"一问世，就成为破解德国机密通信的有力武器！

然而由于历史的阴错阳差，数学三杰的功绩被世人遗忘了，直到20世纪七八十年代，三杰中的一位才将这段尘封的历史公之于众。

一时间，人们再次意识到数学三杰为反纳粹所做出的功绩，还为他们发行了纪念币和邮票等，感谢他们在反法西斯战争中付出的努力。

# 大西洋密码战

看了上文，肯定有人会好奇，究竟是什么样的历史的阴错阳差，才会让世人遗忘了数学三杰的功绩呢？

我们不妨将目光投回通信密码的加密和破译的时间线上：

1918年2月，德国人亚瑟·谢尔比乌斯发明了恩尼格玛密码机；

1926年，德军开始投入使用恩尼格玛密码机；

1938 年，波兰数学三杰制造出恩尼格玛密码机的天敌——炸弹破译机。

德国人发现通信密码被破译时，就立即升级了密码机，而正当波兰的破译人员准备攻克德国的升级版密码机时，德国发动了对波兰的战争。

仅仅一个月的时间，波兰就被德国侵占了，波兰的情报部门也就再也没有继续破译的机会了。

在随后的整个第二次世界大战期间，德国大概生产了 10 万台升级版的恩尼格玛密码机，在德国人看来，升级版的恩尼格玛密码机是无法被破解的。

而除了升级版恩尼格玛密码机本身的神秘，操作它的德国人也很勤快，他们每天都要更换一次密码设置。也就是说，就算有人破译了德国人的密码，也只有一天的有效时限，到了第二天，德国人的密码设置就更新了，之前的破译成果也就完全失效了。

因此，在第二次世界大战前期，情报安全令纳粹德国信心大增，也为德国在战争中抢占先机奠定了基础。

原本在第二次世界大战中，德国海军并不具备优势，但德国海军拥有先进的 U 型潜艇，正是运用这一恐怖武器，德国海军大举偷袭盟军的海面船只，即所谓"狼群战术"。在大西洋上，U 型潜艇肆无忌惮地猎杀，给盟军的海上生命线造成了难以承受的损失。

而德国海军之所以能取得这样的战绩，直接得益于恩尼格玛密码机传递的无线电情报。

为此，盟军也不得不展开了一场特殊的隐蔽行动——密码破译战，扭转战局就在此一举。这既是一场刀光剑影的武力较量，也是一场看不见硝烟的脑力竞赛。

美国作家戴维·卡恩的《大西洋密码战——"捕获"恩尼格玛》一书，详细地描写了第二次世界大战期间盟军和德国之间的这场针对密码机破译与保密的战争，其在开篇这样写道：

对指挥 U 型潜艇的海军代码，布莱奇利园还无法破译。虽然偶尔能够破译个别密电……而且，大多数的破译是在密电发出多日以后，因此无法有效地帮助英军。

有一次……终于破解了一条 U-110 潜艇的密电，将之传送给作战情报中心。这时，距离既定的袭击日期仅剩 2 天。而密电发出的日期是 11 天前。

由此可见，在第二次世界大战初期，恩尼格玛密码机对当时的交战国家来说，确确实实如同它的名字一般，就是一个谜，一个无人能够破解的谜！

# 传奇的艾伦·图灵[1]

恩尼格玛密码机在第二次世界大战初期大放异彩，然而它的发明者

---

1 艾伦·图灵（1912—1954）：英国数学家、逻辑学家，被称为"计算机科学之父""人工智能之父"。图灵对于人工智能的发展有诸多贡献，提出了一种用于检验某个对象是否具有智能的测试方法，即"图灵测试"。

谢尔比乌斯并没有享受到这份荣耀，因为早在 1929 年 5 月，他就因为一场马车事故，不幸离开人世。

在前文我们提到，为了能够获得更多有关德国的情报，英国人建立了布莱奇利庄园，这里会聚了各个领域的精英，有语言学家，有电气工程师，有无线电专家，还有著名的数学家，等等。

但是恩尼格玛密码机实在是太厉害了，即便召集了各个领域的顶尖人才，还是无法及时破译恩尼格玛密码机的秘密。

破译工作陷入了僵局。

那么，最终是谁打破了这个僵局呢？

他就是布莱奇利庄园的灵魂人物——艾伦·图灵。

大家应该对这个名字并不陌生，而且很有可能已经听说过很多关于图灵的故事。而在当时的布莱奇利庄园里，几乎没有人知道艾伦·图灵的名字，大家对他的称呼是"教授"。

在后人眼中，艾伦·图灵是一个可以跟"天才"画上等号的传奇人物，那么在跟他生活在同一个时代的人眼中，艾伦·图灵是一个什么样的人呢？

《大西洋密码战——"捕获"恩尼格玛》一书，援引了图灵的同事对他的印象：

图灵是一位奇才、天才。那年他只有 27 岁，身材高挑，显得很健壮。他的头发呈深棕色，脸颊内凹，眼窝深陷，眼睛是蓝色的。

平日里，图灵的衣服经常皱皱巴巴的，没有熨烫过。他经常自己抠破指甲的边缘，说话有些口吃，所以经常保持沉默，很少跟别人有眼神交流，似乎总是默默溜进门。

图灵经常参加长跑比赛。而在加入布莱奇利园之前，他已经取得了两项重要研究成果。

而英国作家安德鲁·霍奇斯在《艾伦·图灵传——如谜的解谜者》一书中，对他则有这样的一番描写：

艾伦过于邋遢的外表，与他的地位很不相称，这在军事化的汉斯洛普显得格外引人注意。

他穿着带有破洞的运动夹克，过时的灰色法兰绒裤子，而且后面的头发还是翘起来的。在工作中，他会像士兵打了败仗一样嘟囔着咒骂，疯狂地抓头发，发出连他自己都觉得奇怪的嘎嘎的声音。在焊接电子管的时候，他经常忘记关掉电源，然后他就触电了，并开始大声嚷叫。

通过这两本书的文字，我们在脑海中应该已经勾勒出艾伦·图灵的大致形象——一个长相平平、邋里邋遢、言行古怪的科学家。

但事实上，艾伦·图灵绝对称得上人类历史上数一数二的天才。他在很小的时候，就已经展现出了极其早慧的特质。

当爱因斯坦刚刚提出相对论的时候，全世界没有几个人能够理解这个深奥的理论。艾伦·图灵的母亲对爱因斯坦的相对论很感兴趣，但是并不能完全参透。为了帮助母亲更好地理解，年仅 15 岁的艾伦·图灵，居然写了一篇相对论的解析文章。

小小年纪就有如此才华，实在是令人敬佩。

然而，即便是像艾伦·图灵这样拥有一颗聪明的大脑，面对恩尼格玛密码机的时候，他也觉得无从下手。但是图灵并没有放弃和认输，而是产生了一个大胆的想法：既然人脑无法对抗恩尼格玛密码机，我们就索性使用机械——这是一场机械对机械的战争！

# 图灵炸弹

其实，破译机械加密的过程，也是一个反向推测计算的过程，而人类对于机械计算的研究，从很早以前就已经开始了。

1642年，法国人帕斯卡发明了一种只能做加法的机器，他的目的就是帮助负责税收的父亲进行计算；

1673年，德国数学家戈特弗里德·威廉·莱布尼茨[1]发明了可以进行加、减、乘、除和开方运算的计算工具；

1804年，法国人雅卡尔发明了一台由打孔的卡片控制布料编织的织布机；

1822年，英国数学家巴贝奇贡献出他尚未完成的差分机，它是为解决复杂的方程而设计的，遗憾的是，这台差分机始终没有被制造出来；

---

1 戈特弗里德·威廉·莱布尼茨（1646—1716）：德国哲学家、数学家，历史上少见的通才，被誉为"17世纪的亚里士多德"。他和牛顿并称为微积分的创始人，他还发现并完善了二进制。

1833 年，巴贝奇搁置了差分机的研究，因为他想制造一种更复杂的计算机，但是这样的机器，运行必须完全依赖机械系统，所以这一设想也没能实现；

1890 年，美国科学家赫尔曼·何乐礼利用打孔卡的原理来估计和分析美国人口普查的结果，这台新机器可以自动阅读卡片，使得统计时间比 1880 年人口普查所需统计时间缩短了四分之一。

但是，人类追求更快速的机械计算的脚步，从来都没有停止过。

前文我们提到，波兰的数学三杰在破译恩尼格玛密码机的时候，做出了巨大的贡献，设计出了名为"炸弹"的破译机，"炸弹"可以对抗早期型号的恩尼格玛密码机。

现如今，波兰已经被德国占领，数学三杰无法继续破译工作，便将自己掌握的情报和技术分享给了其他国家，其中就包括英国和法国。

英国人拿到数学三杰的破译成果后，自然将这份宝贵的资料送到了布莱奇利庄园。

而艾伦·图灵将在布莱奇利庄园里续写"炸弹"的传奇。

1940 年 8 月 8 日，由艾伦·图灵设计、英国制表机公司负责制造的图灵密码破译机，总算组装成功了，它可以在咔咔咔的响动声中，以每秒 2000 个字符的速度进行密码破译！

图灵非常喜欢这台破译机，给它起了一个有趣的小名——罗宾逊，因为图灵很喜欢一位名叫罗宾逊的英国漫画家，这位漫画家最擅长画各种稀奇古怪的机器。

当然，罗宾逊还有一个大名，叫作阿涅斯，但人们更习惯称呼它为图灵炸弹。

# "海狮"计划失败

虽然人人都知道"图灵炸弹"破译密码很高明，但是大部分人都不知道艾伦·图灵到底是如何用这台机器去破译密码的。

不管怎么说，"图灵炸弹"问世之后，英国人终于可以预先掌握德国的作战计划，从此逆转了在战场上处于被动的不利局面。甚至有人说，英国之所以能在空战中粉碎德国的"海狮"计划，正是因为"图灵炸弹"事先破译了德国的密码通信。

1940年7月16日，希特勒下令执行"海狮"计划，准备派军于9月15日前登陆并摧毁英国。

起初，德国空军主要攻击英吉利海峡的护航船队，袭击英国南部港口，企图诱歼大量英国战斗机，为实施"海狮"登陆行动做准备。

战至1940年8月12日，"图灵炸弹"开始发挥作用，它总共破译了178条加密信息，掌握了德国飞机的行踪，使德国空军在"海狮"行动中遭到沉重的打击，英国以损失150架飞机的代价，使德国空军损失了286架飞机。

接下来的空袭，由于英国继续破译德国的情报，英国战斗机又击毁

75 架德国飞机。

9 月 15 日下午，德国又在伦敦上空损失了 185 架飞机，筋疲力尽的德国空军不得不停止了大规模的空袭，"海狮"计划也被无限期推迟。

关于这场发生在大不列颠上空的空战，历来都有不同的猜测和传闻，比如有人说，其实英国已经坚持不住了，如果希特勒再进攻几天，英国就会被迫投降。

当然也有人认为，德国人一开始没有意识到自己的密码被英国破译了，直到战争进行到一半的时候，德国发现自己屡屡受挫，终于怀疑自己的情报有可能泄露了。

于是德国策划了一个恐怖的试探行动——轰炸考文垂[1]。

按照德国人的计划，英国如果已经破译了德国的密码，在得到德国即将轰炸考文垂的情报后，必然会在考文垂进行积极的防空准备；而英国如果没有破译德国的密码，就不会在考文垂组织有效的防空准备。

就这样，德国按照计划实施了对考文垂的轰炸。

1 考文垂：英国英格兰西米德兰郡城市，以汽车和飞机发动机制造而闻名。地处英格兰中心，面积 98 平方千米，人口 35.29 万（2016）。

# 轰炸考文垂

1940 年 11 月 14 日晚 7 点 05 分，英国英格兰中部城市考文垂的上空忽然响起了刺耳的防空警报。

此时，英国皇家空军与纳粹空军已在大不列颠上空激战了整整三个月，包括首都伦敦在内的英伦三岛上空，频繁遭受空袭，对于突如其来的防空警报，人们早已习以为常。

因此，当防空警报响起的时候，考文垂的居民丝毫没有察觉到厄运即将降临，他们依然像平常一样过着自己的生活。

就在 5 分钟后，德国的"亨克尔"He-111 轰炸机飞抵考文垂上空，恐怖的空袭开始了！

一波接着一波的轰炸，整整进行了 10 个小时。

在震耳欲聋的轰炸声中，考文垂变成了一座地狱般的废墟。

根据事后统计，在这个"恐怖的鬼夜"，考文垂城内共有 50 000 座建筑被摧毁，50 000 家商店遭到破坏，地面设施近乎全毁，600 名居民丧生，4800 人受伤，有 150 具尸体因无法辨认身份而被葬入同一座公墓。

显然，英国并没有破译出轰炸考文垂的情报，才导致考文垂生灵涂炭。

然而，对于此次事件，也有一些人持不同的看法，他们认为，英国其实已经破译了德国要轰炸考文垂的作战计划，但温斯顿·丘吉尔[1]为了保守住英国的破译机密，选择了忍痛割爱，做出了牺牲考文垂的决定。当然，这种看法只在民间流传，英国政府对此是坚决否认的。

总之，不论历史的真相究竟是什么，"图灵炸弹"确确实实可以破译德国的密码，德国在多次作战失利之后，已经意识到，自己坚信不疑的密码，很可能已经不再可靠，他们必须再次升级自己的密码机了。

于是在1942年，德国推出了更为先进的密码机，命名为洛伦兹。

洛伦兹从外观上看，就比恩尼格玛密码机更加复杂，它的转子已经达到了10~12个，也就是说，它轻轻一转，就可以达到159万亿种加密方式。

洛伦兹的出现，意味着"图灵炸弹"也必须升级换代了。

---

1 温斯顿·丘吉尔（1874—1965）：英国政治家、历史学家、画家、演说家、作家、记者，出身于贵族家庭，他的父亲伦道夫勋爵曾任英国财政大臣。

# 冯·诺伊曼：从娃娃脸教授到计算机之父

1940 年，"图灵炸弹"组装成功。它的出现使得英国人在"海狮"计划中重创德国空军。

1942 年，德国推出了更为先进的密码机——洛伦兹，英国的情报获取工作再次变得无比艰难。

其实不仅仅是英国，在第二次世界大战期间，对所有国家来说，情报战都是重中之重。

当天才艾伦·图灵在继续跟德国抗衡的时候，在美国也有一个天才，他在这场战争中起到了不可估量的作用。

这个天才人物，就是大名鼎鼎的冯·诺伊曼！

可能有人要问了，冯·诺伊曼到底有多聪明？据说，他可以直接用自己的大脑计算火炮弹道。这样绝顶聪明的大脑，在全世界无疑都是屈指可数的。

冯·诺伊曼也是一个非常传奇的人物，他跟总是邋里邋遢的艾伦·图灵不同，如果仅看外表的话，人们都觉得冯·诺伊曼是一个富家公子，因为他总是穿着讲究的套装，而且每年都会换新的汽车。

为什么冯·诺伊曼总是换新汽车呢？除了因为他喜欢开汽车，还因为他经常出车祸，而且总是在同一个地方出车祸，以至于在普林斯顿，有一个地方被命名为冯·诺伊曼角，因为冯·诺伊曼经常在那个地方撞车。

当然这都是冯·诺伊曼的趣闻，比起关注这些，我们更应该去关注他的智慧。

《天才的拓荒者——冯·诺伊曼传》一书，是这样描述冯·诺伊曼其人的：

约翰尼（冯·诺伊曼）作为教授来到美国时才26岁，还是一张娃娃脸，因此他总是特意穿着套装。如果他穿着休闲服，人们容易把他当作一个学生——他自己倒无所谓，可是别人却十分尴尬。

冯·诺伊曼在26岁的时候，就已经成为普林斯顿大学的教授了，如果他不穿上一身严肃的套装，很容易让人对他的身份产生误会。

26岁的冯·诺伊曼教授虽然年轻，却已经达到了很多人学术生涯的巅峰，当时，他已经位列普林斯顿高级研究所最初任命的六位教授之一。

我们不妨看看，和冯·诺伊曼齐名的其他五位教授都是何等如雷贯耳的人物吧：

第一位是赫赫有名的物理学家爱因斯坦，当时的爱因斯坦已经50岁了；

第二位是著名数学家奥斯瓦尔德·维布伦，他在拓扑学、几何学上都做出了重要贡献，在几何学界最负盛名的奥斯瓦尔德·维布伦几何奖，就是以他的名字命名的；

第三位是数学家外尔，他是希尔伯特的继承人，也是 20 世纪上半叶最后一位"全能数学家"；

第四位是数学家詹姆斯·亚历山大，他同时也是一位登山家，特别喜欢攀爬普林斯顿大学里那些高高低低的楼；

第五位是数学家哈罗德·莫尔斯，他最突出的贡献是发展了莫尔斯理论，即把数学分析与拓扑学相结合，成为大范围分析的开端。

年仅 26 岁的冯·诺伊曼就已经能够跟这样级别的教授齐名，足以看出他的聪明和智慧。

# 埃尼阿克[1] 和二进制

冯·诺伊曼以其可以直接计算出冲击波和弹道轨迹的聪明大脑声名鹊起，成了无可争议的计算大师。

冯·诺伊曼强大的计算天赋不仅得到了军方的重视，更引起了美国政府的重视，他们决定派冯·诺伊曼去参加一项非常重要的工作。

《天才的拓荒者——冯·诺伊曼传》一书对这项工作做了这样的细

---

1 埃尼阿克：英文缩写 ENIAC。世界上第一台通用电子数字计算机，1946 年 2 月 14 日在美国宾夕法尼亚大学诞生。

节描述：

约翰尼刚开始去西部时，一次在芝加哥联邦火车站换车，乌拉姆（知名数学家）被要求去接他。约翰尼身边两个大猩猩似的保安给乌拉姆留下了深刻印象，这说明这位普林斯顿的数学家如今已经是国宝级人物了。

美国政府为冯·诺伊曼配置了如此强大的安保力量，究竟是打算让他去执行什么任务呢？

答案是：原子弹的研制工作。

这项工作涉及极为困难的计算，通常需要进行几十亿次的数学运算和逻辑指令分析。为此，美国雇用了 100 多名女计算员，利用当时的手摇计算器，从早算到晚，但依然远远不能够满足计算需求。

无穷无尽的数字和逻辑指令就像沙漠一样，把人的智慧和精力吸干。要对付如此庞大的计算，就连冯·诺伊曼的大脑也变得不够用了。

就在这时，在阿伯丁火车站，冯·诺伊曼遇到了从前的一位同事——美国弹道研究实验室的军方负责人戈尔斯坦。

当时，戈尔斯坦正在参与埃尼阿克计算机的研制。

戈尔斯坦告诉了冯·诺伊曼有关埃尼阿克的研制情况，冯·诺伊曼立即被这个研制计划深深吸引。

几天后，冯·诺伊曼专程去参观了尚未完工的埃尼阿克，惊叹之余，他一针见血地提出了改进意见——为埃尼阿克添加内部存储器，以提高运算速度；使用二进制编码，使得计算机的运算规则更简单，且在技术上也更加容易实现。

由于冯·诺伊曼的加入，军方对埃尼阿克计算机的研制信心倍增，项目资金也由最初的 15 万美元增加到了大约 50 万美元。

现如今，计算机采用二进制编码，已经是无可争议的事实。

但是，大家有没有想过，计算机为什么一定要采用二进制编码呢？

所谓"二进制"，是德国数学天才莱布尼茨在 1679 年发明的数字进制法，它以"0"和"1"两个数字为计数基数，进位规则就是"逢 2 进 1"，这种进位法最大的优势是简单。

我们可以用一盏灯来举例，当这盏灯点亮的时候，它就代表"1"；当它熄灭的时候，它就代表"0"。二进制编码在电路设计上非常简单，仅仅通过开关的接通与断开，就可以完成。

由于埃尼阿克的电路系统使用的是电子管，它的接通与断开可以非常简单地表示为"0"和"1"。

当然了，十进制编码也可以使用，但这就意味着要用一盏灯展示出 10 种亮度，或者将一个开关设计出 10 种状态，从技术上是可以操作的，但整个系统最终就会特别复杂，故障率也会极高。

在冯·诺伊曼的建议下，埃尼阿克改用二进制编码，又增加了存储器，设计和制造变得更加简单，运算速度也大大提升了。

# 世界上第一台计算机诞生

埃尼阿克每秒钟能够进行 400 次乘法运算，或者进行 5000 次加法运算。

另外，它还可以进行非常复杂的平方和立方运算，计算复杂的正弦和余弦等三角函数的值，以及做一些其他更为复杂的计算。这对人脑来说几乎是难以完成的，因此在当时那个年代，这台机器的运算能力令世人叹为观止。

但是，埃尼阿克的体积实在是太大了，它占地面积约170平方米，重量达到了30吨！

由于埃尼阿克使用的是电子管，所以在它的面板上，我们能够看到密密麻麻排列的电子管，这就意味着，它的耗电量非常大，达到了每小时150千瓦。

由于电子管平均每隔15分钟就要坏掉一只，每次有电子管失灵，工作人员就得满头大汗地不停更换，极为麻烦。

尽管如此劳民伤财，人们还是不遗余力地研制埃尼阿克，并努力让它进行运算，因为它的运算速度实在是太快了。

以计算弹道轨迹为例，原本需要200个人计算两个月的工作，埃尼阿克只需要3秒就能完成。

为什么计算机能比人脑快这么多呢？

当我们说机器比人更强的时候，其实并不是说计算机比人脑更聪明，而是说它的速度比人更快，耐力比人更好。

举例来说，计算机系统可以同时进行数以亿计的计算，这样的计算量以人力是很难完成的。

首先，人脑的计算速度没有那么快；其次，如果由多人共同计算，那就涉及将计算任务进行分解、分配、汇总和验证等等步骤。总之，让计算机来进行大规模并行计算是很容易的，但由人来完成大规模并行、协同计算是非常困难的，需要付出很多的时间和精力。

破译密码也是同理，计算机比人更适合完成大规模的破译计算工作。

1946 年 2 月 14 日，经过一年的试运行，埃尼阿克终于正式与世人见面了。

美国陆军军械部和宾夕法尼亚大学莫尔电气工程学院共同举办了一场新闻发布会，宣布世界上第一台电子计算机研制成功。

# "ABC"和埃尼阿克之争

美国宣布了世界上第一台电子计算机——埃尼阿克问世。

然而，关于谁才是世界上第一台电子计算机的发明者的争论，从埃尼阿克诞生之日起就一直持续着，甚至还闹上了法庭。

美国司法部门为此展开了多年的调查，官司持续时间之长令人惊叹。

那么，这其中究竟有着怎样不为人知的故事呢？

这个故事，还要从一个名叫阿塔纳索夫的小伙子讲起。阿塔纳索夫跟冯·诺伊曼一样，也是一个少年天才，年纪轻轻就成了教授。

阿塔纳索夫教授在指导学生们进行计算的时候，发现现有的机械式计算机难以完成复杂的计算，于是想到依靠电子的方式，或许可以解决复杂而巨大的计算问题。

就这样，阿塔纳索夫率先想到了二进制，并且利用二进制的原理，制作出了一台计算机，将之命名为"ABC"。

"ABC"诞生于1939年，比埃尼阿克整整早了7年。

不过，"ABC"和埃尼阿克之间的纷争，并不仅仅在于诞生时间的先后，而在于埃尼阿克的发明人之一的莫克利存在着剽窃阿塔纳索夫技术和设计的嫌疑。

在1940年的美国科学促进会年会上，阿塔纳索夫向莫克利谈及了自己设计制造的计算机"ABC"，莫克利对此表现出极大的兴趣，并在第二年专程来到艾奥瓦州的小城埃姆斯市——艾奥瓦州立大学所在地。

莫克利在阿塔纳索夫家里住了4天，仔细了解了"ABC"的设计细节和内部工作原理。

埃尼阿克问世后，莫克利申请了发明专利，之后的若干年里，莫克利凭借这项技术专利，获得了巨大的经济利益。

关于"ABC"和埃尼阿克究竟哪个才是世界上第一台计算机，以及莫克利是否存在剽窃行为，法院一共开庭审理了135次，这场官司称得上旷日持久。

莫克利肯定是窃取了阿塔纳索夫的设计理念，但阿塔纳索夫本人的确也没有意识到，自己设计的"ABC"会是一项足以影响全人类的重大发明，包括他所在的艾奥瓦州立大学，也完全没有把"ABC"当回事。

美国作家沃尔特·艾萨克森在《创新者》一书当中，生动地记录了当时的情形：

这台几乎可以正常运行的机器被存放在艾奥瓦州立大学物理系教学楼的地下室中，但是几年过后，似乎已经没有人记得这台机器是用来做什么的了。

到了 1948 年，当学校需要空出这块场地另做他用时，一位不知情的研究生就把它拆卸了，并丢弃了大部分被拆下的零件。于是，许多早期写成的计算机发展史甚至都没有提及阿塔纳索夫的名字。

很多年之后，艾奥瓦州立大学才沉痛地意识到，他们犯了一个无法挽回的错误。

# "Z-1" 和 "巨人"

在同一时代，除了赫赫有名的埃尼阿克和颇具争议的 "ABC"，世界上其实还有其他的计算机诞生，只是，它们的诞生和存在却鲜为人知。

其中的一台，就诞生于德国。

在德国柏林，有一个名叫康拉德·楚泽的年轻气盛的工程师，他深信，一定有某种机械大脑可以代替人脑去解决那些乏味的日常计算。

1936 年，在朋友的帮助下，楚泽开始组装他梦想中的机械大脑。

1938 年，由楚泽设计的机器诞生了，这是世界上第一台程序控制的机电一体化计算机——Z-1。Z-1 计算机实际上是一台实验模型机，始终未能投入使用。

在随后到来的第二次世界大战期间，楚泽继续他的工作，不断地升级他的计算机。

楚泽的发明无疑受到了德国军方的关注，很快，楚泽被德国的飞行器研究机构请去了。他们利用楚泽发明的这台计算机，进行飞机设计和制造方面的运算。

也许是因为 Z-1 曾经在第二次世界大战中为纳粹德国服务过，所以这台计算机始终蒙着一层尘埃，不为世人所知，楚泽本人也没有因此而闻名于世。

直到 1958 年，人们才发现，原来早在 1938 年的时候，康拉德·楚泽就已经利用二进制编码的方式，发明了计算机。

除了 Z-1，世界上还有一台不为世人所知的计算机，这台计算机同样可以被列入计算机先驱者的行列，而且它的保密时间更长，直到 1985 年才被公之于世。

要介绍这台神秘的计算机制造者，我们就不得不将目光再次投向神秘的布莱奇利庄园。

前文我们提到，由于"图灵炸弹"破译了恩尼格玛密码机，德军不得不将恩尼格玛升级为洛伦兹。

盟军将德国的洛伦兹称为"鱼"。

艾伦·图灵认为，普通的破译方式已经无法破译"鱼"，于是，他提议邀请工程师托马斯·弗劳尔斯协助他共同研制一台名为"捕鱼"的密码破译机器。

20 世纪 30 年代，弗劳尔斯一直供职于伦敦北部的英国邮政研究所，在电子电话传输方面颇有造诣。

在艾伦·图灵和托马斯·弗劳尔斯等人的合作下，电子计算机"巨人"问世了。

1943 年 10 月，布莱奇利庄园制造出了第一台"巨人"样机，它用 1500 个电子管取代了继电器，阅读速度提高到每秒 5000 个字符。

"巨人"安装在两个被架起的 2.13 米高、4.88 米宽的箱子里，功率达 4.5 千瓦，所有的程序均以接线的方式运行。

1944 年 2 月，"巨人"计算机正式启用，比美国的埃尼阿克早了两年。

# "巨人"的功勋和毁灭

到第二次世界大战结束前，"巨人"计算机一共被制造出 11 台，它们在战争中发挥了巨大的作用。

那么，"巨人"到底在第二次世界大战中立下了什么功劳呢？这就不得不提到著名的诺曼底登陆事件了！

1944 年 6 月 1 日，第一台"巨人"计算机在布莱奇利庄园内被首次投入使用，在这里，它发挥了巨大的作用，虽说距离诺曼底登陆只有 5 天的时间，但它还是破译出了足够多的信息，并且传递出了不少假情报。

诺曼底登陆是盟军在欧洲开辟第二战场的唯一方法。

这无疑是一场豪赌，近 300 万盟军要从海上和空中登陆易守难攻的诺曼底，结局极有可能会伤亡惨重。

于是，盟军的情报网精心编造了一则假情报，并将之透露给敌方。

德军会不会上当呢？盟军唯有通过"巨人"去破解德军的电报，才能进行检验。

"巨人"不负众望，成功破解了德军的机密电报，果然，德军上当了！

更幸运的是，电报中还详细说明了德军的军事安排、物资转移和军种调遣等机密信息。德军手中的牌，被盟军一览无余！

当盟军的各集团军在诺曼底登陆成功之后，人们纷纷感谢"巨人"破译的那一份份重要情报！有些军事史专家认为，这是战争史上前所未有的、最成功的欺骗行动。

当希特勒固守海岸的最后一线希望被彻底粉碎时，"巨人"成功改写了战争的进程。

《大西洋密码战——"捕获"恩尼格玛》一书中有这样一组数据：

根据有"超级情报"和没有"超级情报"时期对不同方面的比较，破译恩尼格玛在 1941 年下半年里拯救了 150 万~200 万吨舰船，而在 1943 年的前五个月拯救了 65 万吨。

…………

因此，从单次事件来看，可以说"超级情报"让二战提早结束了2年，节省了数十亿美元，拯救了数百万人的生命。

布莱奇利庄园里的科学家们和他们发明的机器，无论是早期的"图灵炸弹"，还是后来我们看到的计算机"巨人"，都在第二次世界大战中立下了赫赫功劳。

但是令人非常遗憾的是，第二次世界大战结束之后，布莱奇利庄园中的科研人员并没有立刻得到表彰，反而被尘封在了历史档案当中。

直到几十年之后，人们才知道，原来布莱奇利庄园对恩尼格玛的成功破译、获得超级情报功不可没！

而在战后，出于保密的要求，据说英国首相丘吉尔亲自下令，销毁全部的"巨人"。直到20世纪90年代末，英国人才想要复原这些传奇的"巨人"。

然而，由于图纸亦被销毁，"巨人"再也无法重现昔日的样貌，令人无限唏嘘。

# 结 语

在这一节中，我们共同回顾了人类历史上最早的几台计算机，在这个过程当中，我们能够感受到，无论哪一台计算机是真正的第一台，每一位发明者和参与者的贡献都是不可磨灭的。

无论谁是计算机之父，都离不开科技的累积和时代的助力。

如今，在我们使用计算机和智能手机等电子设备，享受它们给我们提供的便利的时候，我们是否会让记忆穿过历史的长长隧道，看看漫漫硝烟中的这群天才为此所付出的一切呢？

如果可以，希望我们能告诉他们——穿越漫长的时空，我们依然能够看到他们，因为在人类科技历史的群星中，他们始终闪耀着独特的光芒。

# NO.3 人类如何开启信息时代

　　电子管是世界上最了不起的发明之一，为什么这么说？因为电子管是人类打开电子信息时代大门的钥匙。

　　如果没有电子管的出现，就不会出现收音机和电视机，更不会出现今天的计算机和手机，我们的世界将会截然不同。

　　哪怕到了今天，电子管已经被晶体管全面替代，我们的日常生活中依然离不开电子管，比如很多家庭都有的微波炉等家用电器，里面就有电子管的存在。

　　电子管，如此伟大的发明，究竟是谁发明出来的呢？

　　从电子管过渡到晶体管，功劳最大的发明者为何会折戟硅谷，晚年郁郁而终？离他而去的八个亲信，究竟是八叛徒还是八仙童？

　　在接下来的文章里，我们将一一揭晓问题的答案。

# 什么是电子管？

在 20 世纪六七十年代，如果谁家里有一台收音机，那绝对能赢得四邻八方羡慕的目光，那是气派和讲究的代名词。

在今天看来，大家可能会觉得，老式收音机的体积也太大了吧，看起来好像有点笨重，不便于随身携带。

事实上，这种在影视剧里经常出现的收音机已经不算大了，比它的年纪再大一点的收音机，高度跟一个成年人的身高差不多，早期的收音机可是根本无法随身携带的。

不知道大家平时有没有出于好奇心，把手机或计算机的背板拆开过？就算自己没拆开过，当手机或计算机出了故障，拿到店里去维修的时候，我们应该也见过，其内部是十分精密的集成电路，是排布在绿色电路板上的密密麻麻的焊点和小元器件。

那么，早期的收音机内部是什么样子的呢？完全没有电路元件，反而给人一种蒸汽朋克时代及废土时代科幻电影的感觉。收音机内部有一些亮闪闪的、好像灯泡一样的东西，这可不是照明用的灯泡！事实上，收音机之所以能够出声，被那个年代的人称为"话匣子"，就是因为这些"灯泡"的存在。

这些像"灯泡"一样的东西，就是电子管！

电子管到底是做什么用的呢？

其实，电子管就是最早期的电信号放大器件，被封闭在玻璃容器中的阴极电子发射部分、控制栅极[1]、加速栅极、阳极（屏极）引线被焊在管座上，利用电场对真空中的控制栅极注入电子调制信号，并在阳极获得对信号放大或反馈振荡后的不同参数信号。

电子管一问世，就被应用于早期的收音机、电视机、扩音机、计算机等电子产品中，是人类历史上最伟大的发明之一。

# 爱迪生效应

电子管，如此伟大的一个发明，到底是谁把它发明出来的呢？

大家是否知道，任何一个新发明，都是基于一种极有突破性的科学

---

1 栅极：由金属细丝组成的筛网状或螺旋状电极。多极电子管中排列在阳极和阴极之间的一个或多个具有细丝网或螺旋线形状的电极，起控制阴极表面电场强度，从而改变阴极发射电子或捕获二次放射电子的作用。

理论或科学现象的。

电子管的发明也不例外，而且，发现电子管的科学理论和现象的人，大家对他一定不陌生，他就是大名鼎鼎的发明大王——爱迪生！

爱迪生是位举世闻名的电学家和发明家，他是人类历史上第一个利用大量生产原则和电气工程研究的实验室来进行发明创造的人。

除了在留声机、电灯、电话、电报和电影等方面的发明和贡献，爱迪生在矿业、建筑业和化工等领域，也有不少著名的创造和真知灼见，他的发明创造为人类的文明和进步做出了巨大的贡献。

关于爱迪生的伟大之处，相信每个人都耳熟能详。

但是，大家注意到没有，人们在称呼爱迪生的时候，往往称他是"发明家"，很少称呼他为"科学家"，这是为什么呢？

原来，爱迪生的一生虽然拥有1000多项发明专利，但这些发明和创造，并不是他一个人的贡献，而是他和他的团队、公司共同完成的。

说到爱迪生的公司，我们就不得不说一说他的商业头脑了。爱迪生不仅具有发明天赋，更具有天才的商业战略视野，甚至在与对手进行竞争的时候，他的出手也是极为果断和狠辣的。

那么，爱迪生是如何发现电子管的科学原理的呢？

据说，事情发生在一次试验中，当时，爱迪生想要让在灯泡里作为灯丝的碳丝寿命变得更长。

为此，爱迪生做了很多试验。有一次，他无意中将一根铜丝放到了碳丝旁边，这根铜丝并没有接到电极之上，但过了一会儿，爱迪生注意到，铜丝上面竟然产生了电流。

对于这个现象，爱迪生并没有搞清楚它的原因，但他的头脑极为敏锐，立即把这个现象注册了专利，称之为"爱迪生效应"。

那么，所谓爱迪生效应，到底是什么效应呢？其实它指的就是，当金属加热到炽热状态的时候，会向外辐射出电子。

这就是促使电子管发明问世的科学现象和理论基础，但有趣的是，就连爱迪生自己也不知道为什么会发生这种现象。

# 努力的弗莱明与二极管的诞生

爱迪生虽然把爱迪生效应注册为专利，但他并没有搞清楚这个现象的科学原理，也没有将其运用到实际当中去。

真正把这个理论运用到实际当中去的人，是一位英国物理学家，名叫约翰·安布罗斯·弗莱明。

弗莱明是个非常努力而认真的人，他曾经给詹姆斯·克拉克·麦克斯韦[1]

---

1 詹姆斯·克拉克·麦克斯韦（1831—1879）：出生于苏格兰爱丁堡，英国物理学家、数学家，经典电磁理论的创始人，统计物理学的奠基人之一。1873年他撰写出版的《电磁学通论》，被尊为继牛顿《自然哲学的数学原理》之后的一部最重要的物理学经典著作。

当过助手，还跟发明了无线电的古列尔莫·马可尼[1]合作过。

1882 年，弗莱明受聘担任伦敦爱迪生电光公司的技术顾问；1884 年，弗莱明出访美国，正式拜会了爱迪生，两人在讨论的时候，自然而然地聊到了爱迪生效应，爱迪生极其热情地向弗莱明展示了他一年前在研究白炽灯时发现的这个有趣的现象。

弗莱明对这个现象非常感兴趣，回国后，他对此念念不忘，并进行了一系列的研究。

在研究过程中，因为马可尼的提醒，弗莱明意识到，当时的电报机还不太稳定，原因是检波器的效果还不够好，所以弗莱明就先投入到了检波器的研究之中。

弗莱明首先证实，只要在灯丝旁边加上两个金属片，就可以观察到所谓爱迪生效应了。但他很快意识到，这么做会有大量的电子受损，于是他便把这个装置进行了改进，变成了一个小金属筒，直接套在灯丝之上，这样一来，电子出现得更多了，爱迪生效应就更明显了。

就这样，弗莱明制作出了真空的金属筒，同时观察到了一个现象——在这种状态下，电流只能单向通过。所以一开始，弗莱明给这个金属筒起了一个类似"阀门"的名字。

直到很久之后，人们才把弗莱明发明的这个东西正式称为电子管。

---

1 古列尔莫·马可尼（1874—1937）：意大利无线电工程师、企业家、实用无线电报通信的创始人，被誉为"无线电之父"。早在大学期间，马可尼就用电磁波进行了约 2 千米距离的无线电通信实验，并获得了成功。1909 年他与布劳恩一起获得诺贝尔物理学奖。

1904 年，弗莱明发明的电子管获得了技术专利，这为他赢来了鲜花、掌声和荣誉。

但是，弗莱明发明的电子管还有很多不足之处，后人又把它称为二极管。

# 怪才德福雷斯特[1] 与三极管的诞生

在实际应用当中，人们发现二极管的检波整流效果还不是特别好，甚至有人说，二极管的检波效果，还不如同时代的矿石检波器。

所以，弗莱明发明的二极管始终没有得到大规模的应用，直到另一个人的出现，才改变了这种局面，这个人是谁呢？

他就是德福雷斯特。德福雷斯特是个美国人，也是人类电子学历史上的一位怪才。

早在上大学时，德福雷斯特的同学们就发现，这个家伙一天到晚神经兮兮的，对任何事情都漠不关心，唯独对电磁学和电子学感兴趣。

---

1 德福雷斯特（1873—1961）：美国发明家，1873 年 8 月 26 日出生于艾奥瓦州康斯尔布拉夫斯。20 世纪 20 年代初期，他研制出了"辉光灯"，一生中拥有超过 300 项发明专利。

事实证明，德福雷斯特在电磁学和电子学领域，确实成就颇丰，比如我们今天所熟知的电影的发明，就有德福雷斯特的参与；还有医疗领域著名的透热疗法，德福雷斯特也参与过研究。总之，德福雷斯特的涉猎范围虽然比较广泛，但都集中在"电"的领域。

1899 年深秋，意大利发明家马可尼应邀来美国做无线电通信表演。

刚刚获得博士学位的德福雷斯特，立刻意识到了马可尼的无线电报的优势，以及检波器可以改进的空间，于是他试着申请为马可尼工作，可惜没有被雇用。

1904 年，弗莱明发明二极管的消息传来，德福雷斯特很快就注意到，弗莱明发明的二极管虽然比金属屑检波器前进了一步，但它只能做检波使用，放大方面的性能却不太理想。

于是，德福雷斯特尝试着在二极管的阴极和阳极之间，增加一个用金属细丝做的栅极，它像一个非常灵敏的控制闸，具有快速开关和放大的作用，能接收到微弱的信号，就这样，二极管进阶成功。

经过德福雷斯特改进的二极管，就叫三极管，顾名思义，就是比二极管多了一极，弥补了二极管在性能方面的不足。

1907 年，德福雷斯特拿着三极管去申请了技术专利；1908 年，专利被批复了。德福雷斯特发明的三极管成了对电子管的发展影响最为深远的发明。

德福雷斯特在发明方面确实是个天才，但在经营和理财方面的表现就不尽如人意了。单是电子管这一项专利，就为德福雷斯特带来了 39 万美元的收入，在当时那个年代，这算得上一笔巨款了。

然而，专利的收入很快就被德福雷斯特挥霍一空，不仅如此，德福雷斯特还常年处于负债累累的窘迫状况中。坊间有很多关于德福雷斯特的负面传闻，比如说他花钱如流水，购买了大量昂贵的实验器材，资不抵债，为了维系生计和研究，他甚至因为从事邮件诈骗而被人告上法庭。

还有人说，德福雷斯特经常衣冠不整、邋里邋遢地带着自己的发明去各大公司进行推销，结果被人当成骗子送上法庭；也有人说，德福雷斯特被合伙人欺骗，卷入了一起诈骗案，最后倾家荡产。

总而言之，德福雷斯特就是一面搞出伟大的发明，赚到大笔的财富，一面又花钱如流水，生活拮据，不断被人告上法庭。

最有趣的是，有一次，德福雷斯特又被人告上了法庭，法官在法庭上拿着德福雷斯特发明的真空三极管，不屑地质疑他："你不就是发明了一个跟灯泡差不多的东西吗？我根本看不出这东西有任何价值。"

德福雷斯特当场大怒，气急败坏地对法官说："我坚信我已经掌握了空中帝国的王冠！"他所说的"空中帝国"是指什么呢？其实就是今天为所有电子产品传递信号的东西——无线电波。

聪明如德福雷斯特，早已敏锐地预测到，他将成为自己所在时代里最伟大的人之一，当然，事实确实如此。

# 电子管风靡全球

1904 年，世界上第一只电子管在英国物理学家弗莱明的手中诞生。弗莱明为此获得了这项发明的专利权。

人类第一只电子管的诞生，标志着世界从此进入了电子时代。

随后，电子管被应用在收音机上，一时间，收音机几乎风靡全球。

1920 年 11 月 2 日，坐落在美国匹兹堡的 KDKA 广播电台正式开始广播，这是历史上第一个商业电台。

这一天，宾夕法尼亚州、俄亥俄州和西弗吉尼亚州的人们，都通过收音机听到了这样一个消息："从宾夕法尼亚州匹兹堡的西屋电气公司（向您广播），我们将要广播的是大选情况。"

沃伦·甘梅利尔·哈定[1]击败詹姆斯·考克斯，当选为第 29 任美国

---

1 沃伦·甘梅利尔·哈定（1865—1923）：出生于俄亥俄州，第 29 任美国总统，任期内去世。哈定在农村长大，最初是一名小报记者，与弗洛伦斯·梅布尔·克林于 1891 年结婚，婚后，弗洛伦斯靠经营报纸来支持哈定投身政界。

总统的消息，正是 KDKA 电台第一次广播的内容。

就像前文所说的那样，最初的收音机不仅元件简陋，体积也极为庞大，这是因为早期的电子管比灯泡还大，为了容纳这么大的电子管，当时的收音机的体积才如此庞大笨重。

而且，当时的收音机制造厂商，为了谋求更大的利益，在制作上也是无所不用其极，收音机的外壳选用了当时最好的材料，比如雕花核桃木、小牛皮和压花的马皮等。总而言之，竭尽所能地让做出来的收音机看起来高端大气上档次。

当然，除了追求美观和高价，电子管本身的一些特点，也要求厂家必须把收音机的外壳设计得越牢靠越好。

电子管在刚开始通电的时候，阴极尚未达到要求的温度，如果马上就给它加上高压电源的话，阴极就会受到损害，严重影响它的使用寿命。

所以，早期的收音机和电视机，开机的速度是非常慢的，通常人们拧开开关后，还可以去做很多事情，比如泡杯茶，跟家人聊聊天，关心一下孩子作业的完成情况，等等，至少要等 3 分钟后，机器暖和过来了，温度已经升高了，才能够开始使用。

在暖机过程中，机器内部的真空管会不断发热，很容易将外壳损坏，因此不得不选用一些昂贵的材料来打造外壳，比如更结实的木材。否则，在使用一段时间后，机器内部就会热得像烤箱一样，很容易把外壳引燃。

当时新买回来的收音机，在最初使用时，整间屋子里都会闻到木材加热后散发出的味道，比如松香味。

发热量太高导致的另一个问题，就是用电量居高不下。人类早期的电子计算机，就是使用真空管的，比如美国人发明的埃尼阿克，其耗电量高达每小时 150 千瓦。据说，只要埃尼阿克开始通电工作，附近所有村镇的用电量都会急剧减少。

电子管自身也有巨大的缺陷，首先是它的个头非常大，外壳是玻璃的，里面是抽真空的，真空状态不可能永远保持，真空会随着时间而慢慢流失，寿命非常有限，玻璃外壳更是脆弱易碎，在搬运过程中，稍不留神，玻璃就碎了。

虽然电子管收音机和电视机昂贵又脆弱，但对生活在那个年代的人来说，足不出户就能在家里听到遥远时空的声音，看到异国他乡的图像，这真是太神奇了。

在当时，人们将电子管收音机和电视机视为财富和地位的象征。这也意味着，人类已经进入了用电子管来娱乐自己的大时代。

# 电子管的弊端

在中国传媒博物馆[1]里，收藏着一台最早的电子管收音机——阿特沃特肯特牌40型收音机，它产于1928年。

与同时期的电子管收音机相比，这台收音机有7只电子管，已经是当时最先进的产品了。在20世纪30年代之前，收音机基本上是4只或者5只电子管的，这就意味着，这台收音机的售价也是相当高昂的，它的售价为77美元，当时，美国的福特牌小轿车在搞促销活动的时候，售价也才100多美元而已。由此可以看出，收音机在当时是多么高端的奢侈品。

在中国传媒博物馆里，还有同时期的另外一款美国的高端电子管产品——福雷德－艾斯曼牌收音机。

这款收音机是木质外壳，造型更加古朴，它在当时广告投放量非常大，也是只有富裕家庭才能购买得起的一款奢侈品。

---

1 中国传媒博物馆：国家级传媒类综合性博物馆，馆藏藏品12 000余件，其中就包括早期的电子管收音机和电视机等。

前文我们已经提到了，电子管的问题还真是不少——体积大、耗电量高、寿命短、高散热、不防震等，这些都是它的不足之处。

当时的很多设计者、研究者和制造厂家，都想了不少的办法，想要缩小电子管的体积。

事实上，他们也取得了一些进展，电子管的体积确实在不断缩小，到了最后，已经缩小到一粒花生米的大小，有人直接称这种电子管为"花生管"。但这种"花生管"，还是比真的花生胖了一些，小巧度还是不够理想。

经过一系列的改良，跟初代产品相比，收音机的体积已经明显缩小了不少，但诸如散热、耗电和寿命等问题，还是没有得到有效的解决，并且，想要再将它缩小，也已经不太可能了。

难道收音机的发展就止步于此了吗？

人类当然不会如此轻易地就停下前进的脚步，当时，很多实验室纷纷组织了相关的研究小组。

1945 年，贝尔实验室[1]也组织了一批物理学家来攻克这个难题，这个研究小组的组长就是赫赫有名的威廉·肖克利[2]。

---

1 贝尔实验室：晶体管、激光器、太阳能电池、发光二极管、数字交换机、通信卫星、电子数字计算机、C 语言、UNIX 操作系统、蜂窝移动通信设备、长途电视传送、仿真语言、有声电影、立体声录音，以及通信网等许多重大发明的诞生地。

2 威廉·肖克利（1910—1989）：出生于英国伦敦，后迁往美国加利福尼亚州。物理学家。因对半导体的研究和发现晶体管效应，与巴丁和布拉顿一同获得了 1956 年的诺贝尔物理学奖。

# 第二次世界大战功臣肖克利

　　1945 年，贝尔实验室组织研究小组对晶体管展开研究，威廉·肖克利担任这个小组的组长。

　　肖克利的一生，可谓毁誉参半，他在第二次世界大战中曾经立下过赫赫功劳。

　　对于晶体管的发明，他功不可没，他也是硅谷最早的创业者之一。可跟他的成就相比，他的名声却并不太好，大多数跟他合作过的伙伴，最终都选择了跟他分道扬镳，令他成了硅谷的弃儿。

　　在讲述肖克利的辉煌和沉沦故事之前，我们不妨先看看他的出身背景吧：

　　肖克利的父亲毕业于麻省理工学院[1]，是一名采矿工程师，精通八种

---

1 麻省理工学院：简称麻省理工（MIT），位于美国马萨诸塞州波士顿都市区剑桥市，世界著名私立研究型大学。第二次世界大战后，麻省理工学院依靠美国国防科技的研发需要而迅速崛起，位列 2020—2021 年度 QS 世界大学排名第一。

语言；他的母亲是斯坦福大学的第一批女毕业生之一。出生在这样的家庭，肖克利从小接受的就是极为完美的教育。

1932 年，肖克利进入麻省理工学院物理系，很轻松地就拿到了博士学位。

第二次世界大战期间，肖克利立下了不少功劳，比如他优化了深水炸弹模式，能够更有效地对付德国人的潜艇。另外，他改进了 B-29 型轰炸机的瞄准器。

后来在日本投下两颗原子弹的飞机就是 B-29 型轰炸机。

在太平洋战争末期，美国人犹豫着要不要直接登陆日本本土，进行两军交战。而日本人则提出了一个可怕的口号，叫作"一亿人玉碎[1]"，表达了要跟美国人决一死战的决心。面对日本人这种自杀式的口号，美国人认为，直接跟日军陆地交战，实在是有点冒险。

于是美军就找到了肖克利，让他做一下直接跟日军交战的结果评估。肖克利计算了一下，如果要跟日军硬碰硬的话，日军的伤亡数字是500 万至 1000 万人，美军的伤亡数字也会达到 170 万至 400 万人。

美国最缺的就是人，这么高的伤亡率，让美国人放弃了直接跟日军陆地交战的计划，而选择了投放原子弹。肖克利做出的推算报告，避免了美军直接对日军展开登陆战的损失。

所以在战后，肖克利获得了美军颁发给他的一枚勋章。

接下来，就要讲到肖克利担任研究小组负责人，带领团队发明晶体

---

1 玉碎：汉语典故，出自《北齐书·元景安传》，比喻自毁而不委曲求全的行动，通常指美好的事物被毁，或是为正义而献身。

管的故事了。

# 晶体管问世

受到贝尔实验室的重托，肖克利担任改进电子管研究项目的负责人。

他们希望把电子管改进到什么程度呢？那就是要让它的整流效果更好，同时在高频领域也能发挥出更大的作用，所以研究之初，大家就把方向定在了半导体方向。

那么，什么是半导体呢？

我们最常见的金属是铁和铜，它们就是电的非常好的导体；木头、玻璃和陶瓷这些东西，则是电的不良导体；而介于二者之间的导体，我们就把它们叫作半导体。

当时，贝尔实验室把锗和硅作为主要的研究对象，这两种材料都属于半导体。

肖克利提出要制作一个场效应晶体管。简单地说，就是用半导体器件来完成晶体管的构成。但是，实验了很多次，都没能成功。

后来，研究小组的成员提出，可能是这个半导体的表面有缺陷，导致电场无法穿透半导体的内部，必须找到让它的表面钝化的方法。

1947 年，威廉·肖克利研究小组成员沃尔特·布拉顿[1]用硅做了一个小装置，在水中研究半导体表面的电子活动，结果，硅表面不断凝结的小水珠把实验搞得一团糟。11 月 17 日这一天，布拉顿突然灵机一动，把整个实验装置都沉到了水下，没想到，这个湿淋淋的装置居然产生了前所未有的放大效果。

小组成员约翰·巴丁[2]得知这个实验结果后，建议把一个金属点压到硅中，并在表面用蒸馏水包住这个点。

这个放大器做好后，立马产生了预期的放大效果，尽管放大倍数不高，但是终于能工作了。

之后，巴丁和布拉顿尝试了不同的材料、不同的设置和不同的电解质代替水，试图获得更大的电流，用锗取代硅后，他们得到了一个意想不到的实验结果——电流被放大了 330 倍！

1947 年 12 月 15 日，肖克利的研究小组在经过两年的研究之后，终于取得了突破性进展——他们利用锗、电池、金线、弹簧和纸板组成了一个小装置，通过这个装置，他们成功地在不同的频率上实现了信号

---

1 沃尔特·布拉顿（1902—1987）：美国物理学家，美国全国科学院院士。布拉顿长期从事半导体物理学研究，发现在半导体的自由表面上的光电效应，因发明点接触晶体三极管，和约翰·巴丁、威廉·肖克利一起获得 1956 年的诺贝尔物理学奖。

2 约翰·巴丁（1908—1991）：美国物理学家。因发现晶体管的放大效应和提出超导电性的"BCS 理论"，于 1956 年、1972 年两度获得诺贝尔物理学奖。

的放大。

1947 年 12 月 23 日这一天，肖克利来到了贝尔实验室，向同事们展示了不用电子管的信号放大器，这一天被公认为晶体管的诞生日。

晶体管诞生了，它需要一个响亮的名字。

肖克利他们采取了公开征集的方式，大家纷纷开动脑筋，想了很多名字，比如半导体三极真空管、固态三极真空管、表面态三极真空管、晶体三极真空管和 iotatron（微型电子管）等。

最终，贝尔实验室的产品经理约翰·皮尔斯提出了"晶体管（transistor）"一词。

根据约翰·皮尔斯的回忆，他之所以提出这个名字，是着重考虑了该器件的用途。那时，它本应该是电子管的复制品，电子管有跨导，晶体管就应该有跨阻，此外，这个器件的名称应当与变阻器、热敏电阻器等其他器件的名称相匹配，于是他提出了"晶体管"这个名字，最终被采纳。

# 冠名权之争

就在晶体管研究成功不久，如日中天的肖克利天团三人组居然分道扬镳了，这究竟是怎么回事呢？

其实，原因并不复杂，不过是为了争夺名誉和利益。

晶体管被发明出来了，贝尔实验室非常高兴，准备马上去申请专利。而在申请专利的过程中，大家才意识到，在那次关系到晶体管成功问世的关键实验中，肖克利恰恰没有出现在现场。

不仅如此，专利律师们还发现，肖克利提出的关于晶体管的场效应理论，早已被别人申请过专利了，而且肖克利的理论跟已有的技术专利是互相冲突的。

鉴于此，大家认为在专利的申请书上，肖克利不能被署名为"发明人"。

肖克利当然不同意这个决定，他坚定地认为，晶体管的诞生是基于他的场效应理论，并且整个研究过程他都倾情参与了，只是最后一次实验没有到场，这并不能抹除他的发明人身份，更何况他还是这个研究小组的组长，付出了这么多的时间和精力，做出了这么大的贡献，到最后论功行赏的时候，凭什么要把他剔除在外？

其实肖克利说得也没错，我们如果遇到这样的事，也会觉得无法接受。

由于肖克利坚决反对，申请专利的事情陷入了僵局。

正常情况下，遇到这种情况，大家还是应该心平气和地坐在一起，讨论一下其他的解决办法，比如换一家专利律师事务所。其实只要将三个人的名字都列为"发明人"，事情就会有一个皆大欢喜的结果。

然而，气急败坏的肖克利提出了一个令所有人都大吃一惊的观点——他认为晶体管就是他一个人发明的，巴丁和布拉顿二人才不该被冠为"发明人"呢。

这个观点就实在令人难以理解了，于情于理都说不过去。

就这样，肖克利和巴丁、布拉顿彻底闹僵了，三人无法再继续合作，从此散伙了。

散伙后，肖克利决定自己开创一条新路，他认为他们研究的这种点接触式晶体管，不利于大规模生产，效率也不够高，所以他打算做一种全新的晶体管。

事实证明，肖克利确实是很有本事的，这条路真的被他走通了。

1949 年，肖克利和一群新人开发出了双极结晶体管——BJT 的原型，也就是后来被广泛使用的锗晶体三极管。

肖克利研制的锗晶体三极管，因其材料是锗晶体，因此在实现大功率放大时，无须预热，产生的热量也很少。实现同样的功能，晶体管消耗的功率是电子管的百万分之一。

作为开关，晶体管比电子管的速度更快，体积更小，而且更容易实现规模化的生产，为电器的微型化奠定了基础。

# 天团三人组分道扬镳

凭借多年来在晶体管领域取得的成绩，肖克利于 1951 年顺利当选为美国全国科学院院士，接下来更是斩获了大大小小的科学奖项，风光无限。

但是，因为专利署名权的纷争，肖克利不仅得罪了两个同伴，也激怒了贝尔实验室的管理层。由于肖克利太重要了，管理层只能暂时压下了心头的怒火。

而在接下来的研究工作中，管理层不断收到肖克利手下工作人员和合作伙伴的投诉。

大家为什么都要投诉肖克利呢？因为肖克利实在是太暴力了，管理手段极为强硬，而且经常会提出一些不近人情的要求，比如，他要求合作伙伴在跟他共事的时候，必须全程录音，且在工作过程中，不能相互谈论自己的研究进展，以确保所有的研究成果都只能归肖克利所有。

肖克利的蛮横无理终于引起了众怒，也引起了管理层的不满。就这样，贝尔实验室开始对肖克利采取冷处理的态度，实验室虽然支持肖克利的研究工作，但升职和加薪的事，再也没有肖克利的份儿了。

渐渐地，就连肖克利自己都感觉到了，他在实验室里的处境越来越艰难了，大家都在刻意地疏远他，甚至跟他作对。

另外，贝尔实验室表面上依然把肖克利、布拉顿和巴丁包装成一个天团三人组，但这只是做给外界看的，肖克利对此并不买账。他频繁地出现在各种场合，使得公众常常认为，他才是发明晶体管的关键人物，这样一来，其他两个成员就越来越不满了。

终于，巴丁最先受不了了，1951年，巴丁离开了贝尔实验室，跳槽到了其他的大学，转向了超导电性理论的研究。

巴丁也是一个非常有才华的人，在他的指导下，他的两个学生发现了超导中的一个重大突破。布拉顿也受够了肖克利的专横和臭脾气，公开拒绝和肖克利继续合作，转而投身到了另外一个团队。

从此之后，巴丁和布拉顿与晶体管今后的发展，基本上就没有任何关系了。

在管理层、同僚和后辈的多重排挤和抵制之下，肖克利也很难继续留在贝尔实验室了，接下来的一个机缘，促使肖克利也离开了贝尔实验室。

当时，美国最大的电子仪器公司——得克萨斯州仪器公司生产的晶体管收音机问世了，肖克利坐不住了，他不满足于眼下的发明，他想将这项发明商品化，推向市场，同时，他对贝尔实验室的管理方式也越来越无法忍受。

秉持着想要成为百万富翁的信念，肖克利离开了贝尔实验室，开始去追寻自己的财富梦想。

# 硅谷的开拓者

肖克利来到了距离自己家乡很近的加利福尼亚理工学院，出任访问教授。

在加利福尼亚理工学院工作期间，肖克利和他以前的老师阿诺德·奥维尔·贝克曼取得了联系，并且得到其公司——贝克曼仪器公司的资助，成立了肖克利半导体实验室。

为了照顾身体不好的母亲，肖克利把公司地址选在了离母亲家比较近的地方。

那么肖克利选择的这块风水宝地到底在哪儿呢？没错，就是硅谷！

今天，一提到硅谷，几乎没有人不知道这是什么地方，但在当时，硅谷只不过是一座普通的菜市场。

我们现在如果去硅谷参观的话，能够看到一块指示牌，代表这里就是硅谷最早的公司的办公地点。

肖克利半导体实验室是硅谷最早的公司之一，也是硅谷最早从事硅基电子器件研究的公司。可以这么说，是肖克利半导体实验室带来了硅谷的"硅"字。

虽然，肖克利可能在做人和性格方面都有不足之处，但是我们不能否认，他在科研领域慧眼独具。

当时，肖克利最早瞄准的两种半导体，一种是锗，一种是硅。

虽然在锗这一方面获得了巨大的成功，但肖克利还是认为，未来一定不是在锗身上，而是在硅身上。

锗是一种稀有元素，在地壳中的含量仅为一百万分之七，锗矿分布非常分散。由于锗非常稀少，是人类较晚发现的元素，1886年它才被德国化学家发现。

含量少且分布不集中，导致锗的原材料成本居高不下。锗贵，所以锗晶体管也极为昂贵，这意味着很难进行大规模生产。

锗还有一个短板，就是不耐高温，难以提炼到足够的纯度。纯度不够，就意味着晶体管性能低下。

而锗所有的先天不足，都是硅的先天优势。

硅是地壳中第二丰富的元素，约占地壳总质量的四分之一，原材料从沙子中就能提取。相对来说，硅的资源丰富得多，如果将来大规模生产，成本基本只来自加工过程，而不是材料。这样的话，将来的电子产品会越来越便宜。

从后来的发展趋势来看，肖克利的眼光比拿着望远镜看得都准。

好，现在肖克利已经有了实验室，接下来就要招兵买马了！

但是前文我们已经讲过了，肖克利得罪的人太多了，贝尔实验室的老同事们对他的评价非常不好，所以一开始，根本没人愿意加入肖克利半导体实验室。

面对这种困境，肖克利并不气馁，他将招贤纳才的范围扩大到了人才辈出的东海岸，并且，他把自己的招聘信息用特殊代码的形式发表在了学术期刊上。

肖克利实在是太聪明了，他发布的招聘信息，外行人连看都看不懂，而内行人一下子就被吊起了胃口和兴趣。

仅从这一点来看，肖克利其实是一个很懂得如何去拿捏人心的人。很快，一些半导体行业的优秀人才被肖克利的招聘信息吸引了，还有很多尚在学校读书的年轻人，听说肖克利还准备建立一条博士生产线，也充满热忱地加入了肖克利半导体实验室。

除了学术期刊，肖克利还在当时的报纸上广撒网，陆陆续续地刊登了不少广告。

就这样，肖克利半导体实验室的招聘工作取得了圆满的结果，一共招募了 30 多个半导体行业的顶尖人才。

# 众叛亲离

肖克利关于晶体管的未来设想和计划，打动了业内的大批年轻人，他们觉得，自己可以在肖克利的带领下大显身手了。

可是，肖克利本人的态度变化得太快，再加上他也不太懂得管理，当这些充满热忱的年轻人来到他麾下之后，他并没有将所有人的力量集结在一起，而是让他们兵分两路，一路人去开发场效应晶体管，肖克利自己则带领另一路人，去开展一个所谓秘密研发项目——肖克利二极管。

决策一再更改，执行犹豫不决，实验室成立一年多，都没有研制出像样的产品，只推出了一种相对简单的二极管装置，而并非晶体管。

在悲观和失望中，八位核心员工提议研究集成电路，采用扩散方法将多个硅晶体管的电路放在一个晶体管大小的位置上。

没想到，他们的提议被目空一切的肖克利毫不犹豫地否定了。

肖克利的团队氛围十分压抑，他要求所有成员之间的研究成果必须互相保密，可所有人都在一个小空间里工作，要做到互相保密，实在是太难了。

肖克利也不相信团队成员的研究成果，一旦有研究结果出来，他都要先寄回贝尔实验室进行验证。

实验室里的所有电话都被录了音，最恐怖的是，肖克利还对整个实验室的成员进行了测谎仪测试，这说明他对手下的工作人员极为不信任。

仅仅一年之后，下属就纷纷辞职，最严重的危机是八名核心成员的离开，气急败坏的肖克利愤怒地称他们为"八叛徒"。

然而，正是被肖克利称为"八叛徒"的这八个年轻人，真正替肖克利实现了用硅代替锗的想法。

在"八叛徒"中，最有名的两位是罗伯特·诺伊斯[1]和戈登·摩尔[2]。其中后者就是大名鼎鼎的"摩尔定律"的提出者。

摩尔定律的意思是，在我们这个时代，当价格不变时，每隔 18 到 24 个月，集成电路上能够容纳的元器件数量就会翻一番。这个定律的影响直到今天依然存在。

最初，几个年轻人产生要自己去创业的念头时，诺伊斯并不是很支持，他认为，肖克利这个人虽然脾气古怪，但还是有值得称颂之处的，比如他对科学的执着钻研精神。

但摩尔并不这么认为，他认为，在肖克利手底下，自己根本做不出惊世的成绩。在摩尔的积极联合之下，其他六个人纷纷开始去寻找适合自己创业的项目。

七个年轻人决定成立公司，但成立公司需要钱，他们需要到处去拉投资。

事情很顺利，他们撰写的一份商业计划书，很快就辗转到了海登斯通投资银行的员工阿瑟·洛克[3]的手里。

---

1 罗伯特·诺伊斯（1927—1990）：大学时同时学习物理和数学两个专业，1953 年获得麻省理工学院物理学博士学位，1957 年跟摩尔等八人共同创办仙童半导体公司，英特尔公司创始人之一。

2 戈登·摩尔（1929—2023）：出生于旧金山，美国科学家、企业家，英特尔公司创始人之一，著名的"摩尔定律"的提出者。

3 阿瑟·洛克（1926—　　）："风险投资"一词的发明人，毕业于哈佛大学商学院，毕业后即投身于投资银行业。他组建投资基金，并让越来越多的投资基金组建起来，最终让风险投资成了一个行业。

阿瑟·洛克是美国科技投资史上的一位传奇人物，被誉为"风险投资之父"，如今全球知名的英特尔和苹果的诞生，都和他有关。

在洛克的帮助下，七个年轻人的计划书顺利地得到了海登斯通投资银行的投资。

但在接触的过程中，洛克注意到，这七个年轻人全都是技术宅，没有一个人擅长管理，而要成立一个企业，没有管理者是绝对不行的。在洛克的提醒下，七个年轻人商量了一番，最终将目光投向了诺伊斯。

七个年轻人选出一位代表去说服诺伊斯加入他们。

最终，诺伊斯被说动了，他也离开了肖克利，成了肖克利口中的"八叛徒"之一。

在很久以后，当人们总结这八个年轻人创业的故事时，斯坦福大学的一位教授如此评价：

肖克利在才华横溢的年轻人眼里是非常有吸引力的人物，但他们又很难跟他共事，这就足以说明性格决定成败这句话的重要性了。

# "八仙童"与"硅谷弃儿"

八个年轻人离开了肖克利，挤在一辆小破面包车里，到了旧金山市区，找到洛克和他的老板科伊尔进行谈判。

他们谈了什么，我们不得而知，总之，谈判成功了。但由于八个人准备得不够充分，当投资人提出要签字的时候，大家惊觉他们居然没有准备协议。

洛克的老板科伊尔确实很了不起，他认为这八个年轻人的前途不可限量，自己不能错失这个投资的机会，于是他现场掏出了一张一美元的钞票，让八个年轻人在这张纸币上签字，并将之作为今后正式协议的基础。

于是，八个年轻人就围绕着纸币上的乔治·华盛顿[1]头像郑重地签下了自己的名字。

如今，这张钞票依然被保存在斯坦福大学，成了珍贵的历史见证。

就这样，八个年轻人于 1957 年成立了仙童半导体公司，公司的研究方向就是商用半导体器件，他们后来得了一个新的外号——八仙童。

很快，仙童半导体公司就推出了自己的产品，1958 年，2N697 NPN 型半导体三极管问世了。这个产品其实就是当初肖克利想要组织他们研发的，但最终没能实现。

这个三极管的性能怎么样呢？它性能稳定，体积更小，为以后集成电路的出现打下了牢靠的基础。

而在 1968 年，苦苦支撑了十几年，并没有取得什么重大研究成果

---

1 乔治·华盛顿（1732—1799）：美国政治家、军事家、革命家，美国首任总统，美国开国元勋之一。

的肖克利半导体实验室终于关张了，那一年肖克利58岁。

从此，肖克利就成了人们口中的"硅谷弃儿"，原本他想在硅谷大展宏图，结果只留下了如流星划过天际一般转瞬即逝的光线。

由于肖克利在经营和管理方面的不足，上层、同僚和后辈都对他丧失了信心，他的百万富翁梦想彻底破灭了。他在斯坦福大学的讲台上悄无声息地结束了后半生的职业生涯。

肖克利在发明和改进晶体管的工作中取得了巨大的成功，可以说是半导体产业的先驱，但是性格上的缺陷让他慢慢离开了大众的视野。

后半生，肖克利的性格变得越来越孤僻，到1989年他去世的时候，几乎所有的亲人和朋友都跟他疏远了，身边只有他的第二任妻子，他的儿女甚至是从报纸上得知的父亲去世的消息。

为什么八仙童他们在肖克利手下做不出成绩，一旦自己独立创业，就在不到一年的时间里，取得了如此大的进展呢？

事实上，八仙童的成就还不仅仅如此。当时，美苏争霸正在如火如荼地上演，他们发明的硅晶体管，因为比肖克利的更好，很快就被美军采用了，这为他们又增加了一笔可以进行事业开拓的财富。

就在1959年，仙童半导体公司开发出了平面工艺，这是一个巨大的改进，使得晶体管的制造变得更加容易，成本更低，性能也更好，可靠性更高。

仙童半导体公司的平面处理工艺，把硅晶体管的制造变得像印刷一本书一样，简单高效，价格低廉。

随着仙童半导体公司的扩散型硅晶体管大量上市，硅晶体管开始告别锗时代，仙童半导体公司实现了盈利，只用了不到两年的时间，仙童半导体公司就从一个名不见经传的小公司，发展成为能够和得克萨斯州仪器公司这样的老牌公司并肩的市场新贵。

# 结　语

今天，我们共同回顾电子管与晶体管的历史。

可以说，我们现在能够看到的各种产品，其实都与电子管和晶体管有着密切的联系。晶体管也好，电子管也好，都被认为是人类近现代史上最伟大的发明之一，其重要性甚至可以与印刷术、汽车和电话相提并论。

晶体管就是我们现代电器的关键活动元件，随着晶体管技术不断进步，其体积越来越小，用处越来越多，可以由机器简单地进行大规模生产，成本大大降低；电子管也没有消亡，大动力的通信设备、高保真的音响，以及我们家里使用的电磁炉，依然在使用电子管，电子管仍在为人类贡献着它的力量。

相信随着电子管和晶体管的不断更新换代，人类也必然会走向更加智能的未来。

第二章

# 探索世界篇

---

**? 人类如何
看到微观世界**

从一只跳蚤到一个原子，从不了解到"眼见
为实"，人类是如何一步步打开微观世界的
大门的呢？

**? 人类如何
看到宇宙**

从肉眼观天，到利用望远镜观测星空，人类
在将未知变为已知、探索宇宙更深处的奥秘
的过程中，到底发生过怎样有趣的故事？

**? 人类如何
潜入深海**

从不携带任何装备自由下潜，到发明各种深
海潜水器，为了到达更深的海底，人类都做
了什么？

# NO.4 人类如何看到微观世界

大家使用过显微镜吗？

透过显微镜的放大镜片，我们会惊讶地发现，即使是在手指甲大的一块角落里，也隐藏着一个极为庞大的世界。

宠物的毛发里，生活着数以千计横冲直撞的螨虫；看似干净的手指甲缝里，潜伏着数以亿计的细菌！

这一切，都是微观世界的组成部分。

从一只跳蚤到一个原子，从不了解到"眼见为实"，微观世界的大门背后，究竟隐藏着多少不为人知的秘密？

接下来，就让我们一起推开微观世界的大门，见证这个小小世界里不可思议的无限奥秘吧！

# 世界上最小的电影

你知道世界上最小的电影是什么吗？

哈哈，我想大家一定回答不出这个问题吧？

别着急，真相马上揭晓——

2013年4月30日，世界上最小的电影诞生了，这部电影的名字叫《男孩和他的原子》，讲述了一个男孩和一个原子交朋友的故事。

在这部电影中，不论是男孩，还是男孩遇到的原子，全部是由真正的原子排列而成的！

整部电影的片长只有242帧，分辨率为45纳米×25纳米。

可能有人要问了，"纳米"是个什么概念呢？

举个例子，我们的一根头发丝，大概有60 000纳米那么粗！

怎么样，现在大家知道这部电影到底有多袖珍了吧？可以说，这才是真正意义上的"微电影"。

这部电影的幕布采用的是铜质的衬底，"演员"无疑就是一个个一氧化碳分子，科学家们通过扫描隧道显微镜，对铜质衬底表面上的一氧化碳分子进行移动和摆放，还原了原子的形貌。

当显微镜逐行扫描完成时，就看到了原子尺度的画面。

这部影片是由 IBM 公司的研究人员用重量高达 2 吨的自制显微镜，在大约 −268 ℃的环境下拍摄而成的一部动画短片。

大家是不是又要问了，2 吨重的设备和接近绝对零度的低温，这跟拍摄电影有什么关系？

在这部电影中，跟男孩发生有趣邂逅的那个原子，可是一个货真价实的原子！

所谓原子，也就是组成我们这个世界的最小的物质之一，用肉眼是根本看不到的！

所以，这部电影是透过显微镜的镜片拍摄的，为了确保原子的稳定性，必须将温度调整到相应的低点。

就这样，既要确保能清楚地拍摄到小小的原子，又要保证原子的稳定性，科学家们就设计出了重达 2 吨的显微镜和拍摄设备，并将温度设置为 −268 ℃。

# 打开微观世界的大门

在 2013 年，科学家们已经用原子拍摄出了世界上最小的"微电影"。

那么，人类究竟是从什么时候开始、以何种方式打开微观世界的大门的呢？

神话故事里经常会出现强大的神灵，或是神秘的精怪，他们拥有千里眼、顺风耳，可以洞悉世间一切奥秘。

然而，活在真实世界里的人类，可没有这样了不起的能力。我们人类的肉眼所能看到的世界，不论是遥远程度，还是微小程度，都是极其有限的。

人类究竟是从什么时候开始，才看得清更小的世界的呢？

答案是，随着磨制镜片手艺的出现，人类就正式开启了微观世界的大门。

16世纪左右，欧洲出现了眼镜的雏形；早在明朝的时候，我们中国就有了类似眼镜的东西，在清代皇宫留下的档案里，就有皇帝晚年戴着水晶老花镜批阅奏章的老照片。

远在古代的时候，人类便知道，将水晶或透明的宝石研磨成透镜，可以用来放大所观察的物体。正是这种磨制凹凸镜片的技术，催生了放大镜、眼镜，乃至显微镜的诞生。

正是在磨制镜片的过程中，因为一个偶然的机会，人类发现并逐渐开启了微观世界的大门。

最初，世界上最擅长磨制镜片的国家是荷兰。

有一个生活在荷兰的眼镜制造商，他的名字叫作汉斯·詹森。有一天，他的儿子扎卡里亚斯·詹森[1]到他磨制眼镜的工作台上玩耍，无意中拿起了两个透镜，在摆弄的过程中，孩子发现将两个透镜叠在一起，再稍微调整一下前后的距离，就能把很多小东西放大，让人看清楚小小的东西。

小朋友当然是最喜欢分享的啦，发现这么有趣的事情后，孩子第一时间将自己的发现告诉了爸爸。

詹森得知儿子的发现后，非常高兴，因为他觉得自己的儿子特别聪明，自己磨了这么多年眼镜都没发现的现象，居然被儿子这么容易就发现了。

于是，父子俩就一起兴致勃勃地鼓捣起来。很快，他们发明了一个简易的装置，把两个透镜安装在一个金属筒两端，这样就不用通过两只手来调整镜片的距离了。

父子俩做完了这个简易的复式显微镜后，迫不及待地到处去找东西看，新世界的大门就此打开了！

据说，詹森父子俩抓住了一只鸡，用他们发明的这个复式显微镜去观察，观察的结果令两人大吃一惊，透过复式显微镜，他们竟然能够将鸡羽毛上的纹理看得清清楚楚。

很多人都认为，詹森父子的经历，就是显微镜的雏形诞生的故事。

---

1 扎卡里亚斯·詹森（1580—1632 或 1638）：荷兰眼镜制造商，和其父亲于 1590 年左右发明了显微镜，是用一个凹透镜和一个凸透镜做成的，制作水平还很低。詹森虽然是发明显微镜的第一人，但并没有发现显微镜的真正价值，所以并没有引起世人的重视。

# 放大镜和显微镜有什么区别?

大家应该都学过一些光学知识吧?

显微镜上的镜片有两种,分别叫作物镜[1]和目镜[2]。

物镜和目镜都是由透镜组合而成的,二者的工作原理简单来说,就是将两组透镜以一定的距离重叠在一起,其中的一组镜片把另一组镜片的成像再次放大,让我们的肉眼将事物看得更加清楚。

最原始的显微镜的放大倍数只有 10 ~ 30 倍。但在刚刚问世的那个年代,它可被人们视为超级神奇的小玩意儿。

---

1 物镜:由若干个透镜组合而成的透镜组,目的是克服单个透镜的成像缺陷,提高物镜的光学质量。显微镜的放大功能主要取决于物镜,物镜质量的好坏直接影响显微镜的映像质量。

2 目镜:用来观察前方光学系统所成图像的目视光学器件,是望远镜和显微镜等目视光学仪器的组成部分,主要作用是将由物镜放大所得的实像再次放大。为了消除像差,目镜也通常由若干个透镜组合而成。

人们发现，透过这个神奇的小玩意儿，可以在很多我们以前司空见惯的东西上，发现不可思议的新东西。

大家不妨试想一下，如果你以前从来没听说过显微镜这种东西，有一天，突然有人给了你一台显微镜，告诉你，这个东西可以把事物放大，你会用这台显微镜来看什么呢？

你应该不会用它去看特别大的东西，因为特别大的东西，我们用肉眼就能看得清清楚楚；你肯定会用它去看很小的、用肉眼不能看得太清楚的东西，比如一只苍蝇或是一只跳蚤。

正是这个原因，在显微镜刚刚问世的时候，人们又称它为"跳蚤镜"。

刚被发明出来的显微镜，被人们当成放大镜来使用。

当然了，放大镜和显微镜起到的都是放大的作用，由于采用了更多的镜片和镜片组合，显微镜的放大效果肯定要比放大镜更明显。也正是因为跳蚤镜的发明，人类才将视野投向了更微小的世界。

为什么将镜片重叠起来，会比单个镜片的放大成像效果更好呢？

换句话说，放大镜和显微镜到底有什么区别呢？

从表面上来看，放大镜所使用的单片凸透镜，放大倍率一般都不太大，从几倍到十几倍不等，最高不会超过 20 倍；显微镜则是由两个或两个以上的透镜组合而成，通过透镜的组合，放大倍率得到提高，可以达到几十倍、几百倍甚至几千倍。

从专业的角度来看，放大镜工作在一倍焦距以内，也就是景物离放大镜的距离比较近，透过放大镜，我们看到的是一个放大的虚像；而显微镜的物镜，也就是离我们观察的物体比较近的透镜，它的工作距离在一倍焦距到两倍焦距之间，呈现出一个放大的实像，在它前面，我们再放一个目镜，距离放大实像一倍焦距以内，再一次呈现出一个放大的虚像。

从直观上推演，显微镜放大的虚像是倒立的，上下相反，左右也相反；而放大镜放大的虚像，上下左右都是正的。

# 显微镜的发明者之争

能够将物体放大几十倍的神奇跳蚤镜，甫一问世，就成了十分受人们欢迎的新奇玩具。

然而，这种放大倍数并不很高的跳蚤镜，很快就引发了一场专利之争。

扎卡里亚斯·詹森在爸爸磨制镜片的工作台上的无意发现，促使父子二人制作出了被称为显微镜雏形的跳蚤镜。

然而，随着跳蚤镜在市面上风靡，詹森的一位邻居站了出来，这位邻居名叫汉斯·利佩希，也是个眼镜制造商，他说他才是显微镜的发明者，因为望远镜的发明就跟汉斯·利佩希有着密切的联系。

其实，扎卡里亚斯·詹森和汉斯·利佩希所居住的这片街区，是荷兰的所谓"眼镜一条街"，住在这条街上的住户，基本上都从事眼镜制造业，他们天天都跟镜片打交道，每天都在鼓捣各种各样凹凸不平的玻璃片。到底是谁最先发现将两片透镜重叠在一起，就能加倍放大物体的，这实在是一件很难说得清楚的事。

为了争夺跳蚤镜的专利，扎卡里亚斯·詹森和汉斯·利佩希吵得不可开交。

最终，荷兰政府出面平息了这场风波，将显微镜的发明专利给了扎卡里亚斯·詹森，但将望远镜的发明专利给了汉斯·利佩希。

但不论是扎卡里亚斯·詹森，还是汉斯·利佩希，包括平息风波的荷兰政府，谁都没有意识到，显微镜这个东西到底有什么重要的作用，更没有人意识到，它将成为现代科学研究领域的重要工具。

在17世纪以前，人们只是将显微镜当作一件新鲜的玩具而已。

望远镜则跟显微镜不同，望远镜甫一问世，马上就在各个领域引发了轰动，尤其是在航海、天文和科研领域，望远镜很快就成了不可替代的重要角色。

为什么显微镜和望远镜的命运如此不同呢？

主要的原因就是，望远镜是用来观察人类已知的事物的，比如观看遥远的星空，或者在战争中用来观察敌情；而显微镜是用来观察人类未知的世界的，它让人类看到的是肉眼难以捕捉和分辨的物体，很难迅速在现实生活中得到应用。

扎卡里亚斯·詹森虽然成了显微镜的发明者，却并没有发现显微镜的真正价值，这个发明在很长时间内都只是上流社会的玩具。

直到后来出现的一个人，才彻底改变了显微镜的命运，这个人就是荷兰著名的显微镜学家安东尼·冯·列文虎克[1]。

# 第一台显微镜诞生

大家应该已经在语文课本里认识大名鼎鼎的列文虎克了吧？

列文虎克是个"充耳不闻天下事，一心只关心显微镜"的人，正是因为他的这份痴迷，显微镜的命运才发生了重大的改变。

大家知道下页图片里的东西是什么吗？

仔细看，这个东西好像有两根螺栓，一根比较长，另一根比较短，固定在一个金属板上。这就是列文虎克发明的显微镜——继雏形跳蚤镜之后，世界上第一台真正的显微镜！

这台显微镜由一个镶嵌在铜板上的小圆珠形的凸透镜和放置样品的夹板组成，虽然外观非常简陋，几乎就是一个美化版的放大镜，但它可以将物体放大 270 倍，远远超过当时世界上所有显微镜的放大倍数。

这台显微镜的制造者——列文虎克，于 1632 年出生于荷兰代尔夫

---

1 安东尼·冯·列文虎克（1632—1723）：荷兰商人、微生物研究第一人。由于他划时代的贡献，1680 年他被选为英国皇家学会会员。他的主要著作为论文集《大自然的奥秘》（1695—1719）。

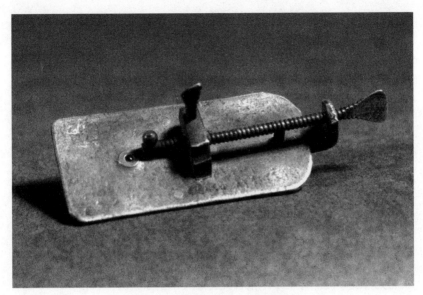

图 4　列文虎克的单式显微镜

特的一个手工业者家庭，他小时候曾经当过学徒，后来还当过看门人，从来没有接受过正统的科学训练。

然而就是这样一个科学界的门外汉，最后却走上了科学之路，在显微镜领域做出了巨大的贡献，这真是太不可思议，也太令人敬佩了！

在列文虎克生活的那个年代，人们只把显微镜当成新奇的玩具，用它来放大各种小东西，哈哈一笑也就作罢，唯有列文虎克跟别人不一样，他特别喜欢钻研，制作出人生中第一台显微镜后，他就彻底沉迷其中，无法自拔了。

为了让显微镜的放大倍数不断提高，将小东西看得更清楚，列文虎克不断地打磨镜片，制造更新、更优良的显微镜，一天到晚醉心在那个小小的世界里。

一开始，列文虎克的显微镜只能把跳蚤放大，让他看到跳蚤的腿，很快，他居然连跳蚤腿上一根一根的绒毛都能看见了。

列文虎克意识到，自己发现了一个微小但又极其"庞大"的世界，他抑制不住自己的心情，将这个消息告知了身边的人，但人们只是把列文虎克的话当新鲜事听一听，并没有人在意。

直到有一天，这个消息传到了一位名叫格拉芙的英国医生耳中。

格拉芙不仅是一位出色的医生，也是英国皇家学会[1]的会员，而英国皇家学会是当时世界上顶尖的学术机构。

格拉芙觉得，列文虎克发明的显微镜要比市面上那些名为跳蚤镜的玩具强多了，很值得深入研究。于是，格拉芙找到了列文虎克，想让列文虎克将显微镜的详细学术报告提交给英国皇家学会。

没想到，列文虎克有自己的想法，他觉得自己只是一个手艺人，显微镜也是他自己的发明，他不愿意将自己的发明随便交付其他人，更不愿意让别人拿着自己的发明去渔利。

英国皇家学会非常尊重列文虎克，双方经过协商，最后决定，列文虎克可以保留显微镜的秘密，但是他要把自己用显微镜观察到的结果记录下来，邮寄给英国皇家学会的科学家，供他们从事科学研究。

列文虎克一方面很保守，不愿意将自己的宝贝发明分享给别人；另一方面他也很开明，他觉得自己透过显微镜看到的那些奇怪的小东西很

---

1 英国皇家学会：全称"伦敦皇家自然知识促进学会"，成立于1660年，学会的保护人是英国女王，宗旨是认可、促进和支持科学的卓越发展，并鼓励科学的发展和使用，造福人类。它是英国最高学术研究机构，也是世界上历史最悠久而又从未中断过的科学学会。

珍贵，很希望它们得到科学界的承认。

于是，列文虎克跟英国皇家学会达成了合作关系。

# 震惊科学界的"学术报告"

跟英国皇家学会达成合作关系之后，事情就越来越有意思了。

前文我们已经说了，列文虎克不仅不是科学家，更从来没有受过任何正统的科学训练，而且他是荷兰人，日常生活中使用的也是荷兰语。而当时科学界写学术论文的通行语言，是拉丁文。

列文虎克当然写不出拉丁文的学术论文，他只能用自己的母语给英国皇家学会写报告。

1673 年，列文虎克用荷兰语给英国皇家学会写了第一份学术报告。

用我们现在的眼光来看，这份"学术报告"根本就算不上学术，甚至也称不上报告，他就是如实地将自己透过显微镜看到的东西，事无巨细地写了下来，记录得十分详细和烦琐，没有任何条理性，几乎就是流水账，而且是一份超级长的流水账。

就连这篇"报告"的标题——《列文虎克用自制的显微镜观察皮肤、肉类以及蜜蜂和其他虫类的若干记录》——都长得令人哭笑不得。

英国皇家学会的科学家们收到列文虎克的这份"报告"后，全都傻眼了，随后便哈哈大笑，他们都觉得，没有受过正统科学训练的人，实在是门外汉，这份"报告"根本不可能有什么科学价值。

但是有个别科学家拥有好奇心和耐心，翻阅起了列文虎克的"报告"，结果这一看，立刻就被深深地吸引了。

列文虎克记录下来的"微观世界"，真的是太神奇、太不可思议了！

科学家们看得如痴如醉，惊叹连连：哇，原来蜜蜂是这样采蜜的！原来虱子是这样咬人的！

再也没人去诟病列文虎克的语法、修辞和文笔了，所有人都被这份"报告"的内容吸引了。

由此可见，形式固然重要，但内容才是无可替代的价值。

同年，英国皇家学会就将列文虎克的这份"报告"刊登在了学会的权威期刊——《伦敦皇家学会哲学学报》[1]上，一举震惊了当时的科学界！

当时，正好是我们中国的康熙十二年（1673），作为一种来自西洋的奇技淫巧[2]之物，显微镜已经被西方的传教士献到了中国皇帝手中。

盛世天子乾隆皇帝对各种新鲜事物有着莫大的好奇心，他在皇宫里

---

1《伦敦皇家学会哲学学报》：由英国皇家学会出版发行，创建于1665年，它是目前世界上创刊最早、寿命最长的学术期刊。该刊物曾经刊载过牛顿人生中的第一篇科学论文《关于光和色的新理论》，达尔文年轻时也在此刊物上发表了地质勘查方面的一些成果。

2 奇技淫巧：指过于奇巧而无益的技艺与制品。

摆弄过显微镜后，还专门为此写了一首诗，来记录显微镜的神奇，名曰《咏显微镜》，收录于清高宗《御制诗集·二集》卷六五：

玻璃制为镜，视远已堪奇。

何来僾逮器，其名曰显微。

能照小为大，物莫遁毫厘。

远已莫可隐，细又鲜或遗。

我思水清喻，置而弗用之。

这首诗的意思是：这种用玻璃打磨的镜子，名叫显微镜，它能把小的东西照成大的，没有什么东西能逃出它的“法眼”……我以为一盆清水足够澄澈，没想到用显微镜一照，这里面有这么多脏东西，根本没法使用了。

# 列文虎克的动物园

不知道大家有没有看过这个很有名的故事——《列文虎克的动物园》？

这个故事发生在1675年的一天，当天，突然天降大雨，列文虎克放下手中的工作，望着屋檐滴下的雨滴发呆。

突然，他产生了一个想法：从天而降的雨水里，是不是也隐藏着肉眼看不见的小东西呢？

于是，列文虎克取来一滴雨水放在他的显微镜下观察，结果让他大为震惊。

在显微镜的帮助下，列文虎克惊奇地发现，居然有如此多长相怪异的"小动物"在雨水中活动着。

这件事放到今天，大家一定不会觉得奇怪，这些"小动物"不过是一些微生物而已。

可在列文虎克生活的那个时代，这可是闻所未闻的大发现。

列文虎克立马把这个观察结果记录下来，邮寄给了英国皇家学会。

他对此进行了非常生动的描述：

我用 4 天的时间，观察了雨水中的小生物，我很感兴趣的是，这些小生物远比直接用肉眼所看到的东西要小到万分之一……

这些小生物在运动的时候，头部会伸出两只小角，并不断地活动，角与角之间是平的……如果把这些小生物放在蛆的旁边，它就好像是一匹高头大马旁边的一只小小的蜜蜂……

看到这份"报告"之后，英国皇家学会的科学家再次大为震动，有人形象地说，列文虎克发现了一个属于他自己的"动物园"。

那么，到底什么是微生物呢？

微生物就是我们平时用肉眼看不到的微小的生物，既包括细菌、真菌，又包括病毒、单细胞藻类，它们虽然个体微小，却与人类的关系十分密切。

17 世纪，列文虎克用显微镜首次看到了微生物，他也因此被称为"微生物学的开拓者"。

不过，列文虎克发现的这座"动物园"，却很快遭到了科学界的严重质疑——很多科学家都觉得列文虎克就是一个哗众取宠的骗子，他们根本不相信一滴雨水里会生活着"生物"，而且它们是如此繁多、旺盛，充满活力。

甚至很多拥有显微镜的人，也不相信列文虎克的发现，因为他们的显微镜没有列文虎克的好，看不到这么小的世界。

面对纷至沓来的质疑，列文虎克不为所动，并且他也不肯为了证明自己而交出手中的显微镜。

好在列文虎克的运气不差，很快就有一位了不起的大人物向他伸出了援手，证明了列文虎克没有撒谎，这个人就是赫赫有名的罗伯特·胡克[1]。

# 微生物的世界

罗伯特·胡克听说了列文虎克的"动物园"，对此非常感兴趣，很

---

1 罗伯特·胡克（1635—1703）：英国博物学家、发明家。在物理学研究方面，他提出了描述材料弹性的基本定律——胡克定律；在机械制造方面，他设计制造了真空泵、显微镜和望远镜，并将自己用显微镜观察所得写成《显微术》一书。"细胞"一词也是由胡克命名的。

想亲眼看看那座"动物园"究竟是什么样子的。

罗伯特·胡克也是个制作显微镜的高手，很快，他也设计制作出了一台显微镜，并取来了一滴雨水，放在显微镜下进行仔细的观察，结果，他看到了列文虎克所说的"动物园"，这座小小的"动物园"是真实存在的！

于是，罗伯特·胡克也写了一篇学术报告。

人们可以不相信职业是看门人的列文虎克，却没人敢怀疑大科学家罗伯特·胡克。

就这样，人们终于意识到，列文虎克真的很了不起，他确实发现了一个新世界。当然，也要感谢罗伯特·胡克的帮助，否则列文虎克的新发现恐怕就要淹没在历史的汪洋大海中了。

那么，这座令列文虎克沉醉其中，令罗伯特·胡克惊讶万分的小小"动物园"，究竟是什么样子的呢？让我们透过显微镜的镜头，一起来观察列文虎克的微生物世界吧。

从湖泊里取出一滴水样，将它滴在显微镜的载物台上，先用最低倍的物镜来观察，在水样中，我们可以看到很多的藻类微生物和一些不停游动的小生物。

我们再换高倍的物镜来观察，这回，我们在画面上可以清楚地看到藻类。

光看藻类，大家可能没什么概念，但大家应该都见过水面上有一层绿色漂浮物的江河湖水，这层绿色的漂浮物里，其实就含有大量的藻类，这种藻类里面含有的叶绿素让其看起来呈现绿色。

除了藻类，我们还能在它周围看到很多游动的小生物，这些小生物很可能就以藻类为食。

当年，列文虎克和罗伯特·胡克透过显微镜的镜片看到的正是这样的景象。可以想象，在300多年前，他们观察到水滴中这座不可思议的"动物园"时，内心是多么惊奇。

自从在水滴中观察到了微生物后，列文虎克对微观世界的好奇心被进一步激发了。从此以后，他对身边一切微不足道的事物都产生了更加浓厚的观察兴趣。

而列文虎克之后的一系列重大发现，更是不断地震惊世界。

# 显微镜狂人

透过显微镜看到的新世界，让列文虎克觉得，肉眼能够看到的这个世界，已经没有什么新鲜感了，更美好的世界都在显微镜的镜头后面。

列文虎克已经不能满足于观察生活中常见的小东西了，他的目光大胆地投向了人体——他把人体的各种分泌物都放到显微镜下观察，甚至还观察过一位老先生的牙垢。

结果，列文虎克又看到了很多新的神奇的小生物，也就是我们现在非常熟悉的细菌。

列文虎克在邮寄给英国皇家学会的"报告"中这样写道：

我家里的几位女眷想要看醋里的线虫，可是看了以后，发誓说再也不用醋了。要是有人告诉她们在口腔里、牙垢里生活着的动物比全国人口还多，她们将会怎样反应呢？

列文虎克甚至用显微镜观察了男性的精液，并惊讶地发现，精液当中有很多游动的小生物，它们的形状就像是小蝌蚪。可以说，列文虎克是第一个发现精子的人。

除了观察人类男性的精液，列文虎克还观察了雄性的昆虫、软体动物、鱼类、鸟类、两栖动物和哺乳动物等，结果，他在这些雄性动物的体内都发现了精子的存在，由此证实了精子对胚胎发育的重要性。

看到这里，不知道你有没有感觉到，不知不觉中，列文虎克已经从一个科学门外汉，真正地迈入了科学的观察领域。

不论是人类的分泌物，还是令人作呕的排泄物，都是列文虎克倍感兴趣的观察对象，他不仅在其中观察到大量的微生物，甚至还首次发现了鞭毛虫[1]。

由于列文虎克在显微镜和微生物观察领域的一系列重大发现，1680年，英国皇家学会将他选为全职会员，他正式成了一位科学家。

成为科学家之后，列文虎克将观察目标转移到了血液上。他刺破自己的手指，观察自己的血液，并于1684年证实了毛细血管的存在。

--------

1 鞭毛虫：以鞭毛作为运动细胞器的原虫，隶属于肉足鞭毛门的动鞭纲，种类繁多，分布很广，生活方式多种多样。营寄生生活的鞭毛虫，主要寄生在宿主的消化道、泌尿生殖道、血液及组织内，以纵向二分裂方式繁殖。

列文虎克还证实了，不仅人类有毛细血管，各类动物的身体里也有毛细血管。

1688 年，在观察蝌蚪的尾巴时，列文虎克充满惊喜地写下他的发现：

呈现在我眼前的情景太激动人心了……

因为我不仅看到，在许多地方，血液通过极其细微的血管而从尾巴中央传送到边缘，而且还看到，每根血管都有弯曲部分即转向处，从而把血液带回尾巴中央，以便再传送到心脏。

由此我明白了，我现在在这动物中所看到的血管和称为动脉与静脉的血管事实上完全是一回事；这就是说，如果它们把血液送到血管的最远端，那就专称为动脉，而当它们把血液送回心脏时，则称为静脉。

大家是不是觉得列文虎克记录的现象非常熟悉？没错，他描述的正是血液循环！

当时，已经有人提出了"血液循环"的说法，但人类尚不清楚血液到底是怎样在身体内运行的，列文虎克的观察使血液循环理论得到了进一步的证实和完善。

列文虎克几乎每天都在不停地精心打磨镜片，不断地完善显微镜的成像效果，在显微镜的制造和改进上，投入了毕生的心血。

据统计，列文虎克一生当中，磨制了超过 500 个镜片，制造了 400 种以上的显微镜，给我们留下了众多的显微镜的样式。

1723 年 8 月，列文虎克让自己的女儿把两封信和一个包裹寄到了英国皇家学会。一封信详细地记录了显微镜的制作方法，另一封信却这样写道："我从 50 年来所磨制的显微镜中，选出了最好的几台，谨献给我永远怀念的皇家学会。"人们打开包裹一看，共有大小不同的显微镜26台和好几百个放大镜！

不久之后，平民科学家列文虎克与世长辞。

# 复式显微镜

前文我们讲述过，当列文虎克遭遇信任危机的时候，有一位大人物在关键时刻帮了他一把，那就是罗伯特·胡克。

在显微镜的历史上，实验物理大师罗伯特·胡克是一位绝对绕不过去的人物。

在收到列文虎克赠送的显微镜后，英国皇家学会希望罗伯特·胡克能重新设计一台显微镜。

于是，罗伯特·胡克就运用自己的聪明才智改进了列文虎克的显微镜。

罗伯特·胡克在显微镜中加入了三个组件，正是这三个组件的加入，让显微镜从原理上和结构上，跟我们今天所使用的普通显微镜几乎没有太大的区别了。

这是三个什么样的新组件呢？

第一，加入了可以调焦的结构，让显微镜可以对焦，看东西更真实；

第二，增加了照明系统，帮助我们在黑黢黢的环境下，也能够看得非常清楚；

第三，加入了可以承载标本片和培养皿的工作台。

经过罗伯特·胡克的改进之后，复式显微镜迅速在全世界得到了普及。

大家是不是很好奇，为什么罗伯特·胡克加入的这三个组件会如此重要呢？

由于显微镜所观察的物体非常小，所以对精度的要求很高，调节起来非常麻烦，而罗伯特·胡克加入的调焦距系统和平滑的载物台，可以供使用者更方便地对焦，更平稳地移动被观察物体。

而当显微镜的放大倍率比较大，进入显微镜里的光又比较少的时候，观察的视野就偏暗，很难看清楚，针对这个问题，罗伯特·胡克又给显微镜增加了照明系统。在罗伯特·胡克生活的时代，他加入的是反光，而今天的显微镜已经采用了电照明。总之，进入显微镜的光变得更多，视野变得更明亮，观察结果也就更清晰。

罗伯特·胡克增加的这三个组件，使得显微镜的使用便利性大大提高，迅速在各个领域得到推广和普及。

一直到今天，现代化的显微镜依然保留着罗伯特·胡克增加的这三个组件，复式显微镜的基本框架也一直沿用到今天。

列文虎克制造的显微镜，样式千奇百怪，但经过罗伯特·胡克改进的复式显微镜，才最具实用价值。

这可能跟罗伯特·胡克的职业有关，他是一位科学家，受过系统的科学训练，常年从事科学研究，他很清楚在科学实验的过程中需要怎样的工具。

可以这样说，罗伯特·胡克奠定了现代显微镜的工作样态。

之后，罗伯特·胡克出版了《显微术》一书，在书中，他首次使用"细胞"一词来描述生物的微观结构。

有一次，罗伯特·胡克找到了一片软木的薄片，放到显微镜下进行观察，成功地看到了已经死亡的植物细胞中的细胞壁等结构，可以说，这是人类第一次发现细胞的存在。

除了科学研究，罗伯特·胡克还特别擅长手绘，在当时的科学界，甚至有人戏称罗伯特·胡克是列奥纳多·达·芬奇[1]附体。其实，罗伯特·胡克跟列文虎克很像，他们都对万事万物充满了好奇，罗伯特·胡克也观察过鸟类的羽毛，各种昆虫的翅膀、复眼，等等。

所以，与其说是列文虎克和罗伯特·胡克将人类带入了微观世界，倒不如说，是他们超越常人的好奇心，引领他们迈入了新世界的大门。

---

1 列奥纳多·达·芬奇（1452—1519）：意大利文艺复兴时期的画家、自然科学家、发明家。现代学者称他为"文艺复兴时期最完美的代表"，是人类历史上绝无仅有的全才，其最大的成就是绘画，他的杰作《蒙娜丽莎》和《最后的晚餐》等作品，体现了他精湛的艺术造诣。

# 细菌和病毒的发现

显微镜在全世界迅速推广和普及，人类已经不再将观察的视野局限在自然界，科学家们纷纷将显微镜应用到了更多的领域。

从此，显微镜在各个领域屡立奇功，解决了很多困扰人类千百年的古老难题。

列文虎克和罗伯特·胡克用显微镜帮人类打开了微观世界的大门，人类终于认识到，原来在这个世界上，还有很多我们用肉眼看不到的微生物存在。

然而一开始，绝大多数的人都没有意识到，这些微生物跟人类、跟这个世界有什么样的关系，更想象不到，这些微生物可能会提升人类的健康水平，也可能会导致人类丧命。

直到 1865 年发生的一件事，终于让人类真正意识到微生物的重要性，并从此将显微镜的价值提升到了前所未有的高度。

事件的主人公，是一位名叫约瑟夫·李斯特[1]的英国外科医生。

在工作中，李斯特医生长期被一个问题所困扰，每当他给病人进行外科手术时，不论手术多么成功，术后病人都经常会出现不可遏止的发炎、化脓和发烧等症状。很多病人虽然成功接受了手术，最后还是因为严重的感染而不幸离世。

不仅仅是李斯特医生有这样的困扰，当时的很多外科医生都发现了这个问题，甚至也有医学家提出，是不是有一些看不见的东西在给我们捣乱？也有人提出在手术过程中采取一定的消毒措施，但很少有人真的将之付诸实践。

经过长时间的临床观察和思考，李斯特医生也怀疑，是不是真的有什么我们看不见的东西在搞破坏？于是，他用到了显微镜。

在显微镜的帮助下，李斯特医生发现病人伤口处流出的那些脓液里面含有大量的微生物，其数量严重超过了正常人的水准。他推测，导致病人伤口发炎和化脓的元凶，就是这些用肉眼看不到的微生物。

这些微生物，也就是今天被人们所熟知的细菌。

由此，李斯特医生建议，在进行外科手术之前，要使用石炭酸或其他能够杀死细菌的化学物品来进行消毒。

所谓石炭酸，也就是苯酚。

在李斯特医生的建议下，外科医生们在开始进行手术前，用石炭酸

---

1 约瑟夫·李斯特（1827—1912）：英国维多利亚时代的外科医生，外科消毒法的创始人。1895—1900 年任英国皇家学会会长，1897 年被封为男爵，是首位获此殊荣的英国医生。

的水溶液来喷洒手术器械，以及医护人员的双手。

结果，术后感染的概率显著降低！

外科手术前的消毒工序由此而诞生。

但是随着时间的流逝，人们慢慢注意到，虽然已经在术前进行了消毒工作，基本将细菌隔绝在手术室外，但还是有部分病人会在术后并发感染并死亡，这又是怎么回事呢？

人类已经通过显微镜发现了会导致伤口感染的细菌，为了阻挡细菌的入侵，在术前进行了消毒工序，还制作了一种过滤器，更有效地过滤细菌。但消毒和过滤工序，并没有将危险全部排除，人们注意到，还有一种比细菌更小的微生物，可以逃过消毒工序，并穿过过滤器的缝隙。

当时，人们使用的是光学显微镜[1]，放大倍数有限，并不能清晰而完全地捕捉到这种过于小的微生物，但科学家们已经意识到了它们的存在，并将它们描述为"具有传染性且有生命的微生物"。

大家能不能猜到这种比细菌还小的致病性微生物是什么呢？

没错，就是病毒！

---

1 光学显微镜：简称 OM，是利用光学原理，把人眼所不能分辨的微小物体放大成像，以供人们提取微细结构信息的光学仪器。

# 电子显微镜问世

意识到病毒的存在之后，如何隔离病毒，就成了医药学家和生物学家们最急于揭开的谜团。

面对狡猾的病毒，人类采取的各种方法都不奏效，就在人们快要丧失信心的时候，又有一个人站出来拯救世界了。

这人可不是所谓的超级英雄，而是一名德国科学家，他的名字叫作恩斯特·鲁斯卡[1]。

鲁斯卡出生于 1906 年，他的家庭背景非常好，父亲是德国东方学家、科学历史学家和教育家尤利乌斯·鲁斯卡，鲁斯卡从小受到父亲和叔叔的影响，对科学和医学有着浓厚的兴趣。很小的时候，家人就送给了鲁斯卡一台显微镜，他非常喜欢。

谁也没有想到，正是这台显微镜，为鲁斯卡日后在科学领域取得成就奠定了基础。

---

1 恩斯特·鲁斯卡（1906—1988）：德国物理学家，电子显微镜的发明者，1986 年获得诺贝尔物理学奖。

1925 年，鲁斯卡进入慕尼黑工业大学，攻读电子学。他从本科时期就开始研究电子显微镜，到了 1933 年，他终于制作出了世界上第一台电子显微镜（或者更精确一点，透射电子显微镜）。

现如今，除了在生物学科，电子显微镜也被广泛应用于各行各业。

那么，电子显微镜为什么如此厉害，能够看到光学显微镜所看不到的东西呢？

光学显微镜能分辨的最小极限是 200 纳米，也就是说，为了看清楚一个物体，被观察物体的尺寸必须大于 200 纳米，否则光学显微镜就无法追踪到它的踪影。

那么，鲁斯卡是如何解决这个难题的呢？

鲁斯卡发明的电子显微镜，采用的镜片为电磁透镜。

所谓电磁透镜，就是利用磁场对运动电子施加的洛伦兹力[1]，让电子偏转，从而实现电子成像的放大和缩小。它的组成很简单，就是在电子前进的路线上，用一组线圈来产生一个磁场。

如果在线圈里通电，让它的磁场增强，由于电子受到洛伦兹力的作用而螺旋前进，它的成像就会放大和缩小。有趣的是，在放大和缩小的

---

1 洛伦兹力：运动电荷在电磁场中所受的力。这力可分为两部分：一部分是电场对运动电荷的作用力，它等于电荷的电量和电场强度的乘积，对于正电荷，作用力的方向顺着电场；另一部分是磁场对运动电荷的作用力，它和电荷的电量、磁感应强度、电荷运动速度及后两者间夹角的正弦成正比，方向由左手定则确定。有时也把磁场部分的力称"洛伦兹力"。为荷兰物理学家洛伦兹首先提出，因而得名。

过程中，它还在不停地旋转，这就是电磁透镜和光学透镜的一个有趣的区别。

通过鲁斯卡发明的电子显微镜，人们终于看清了病毒的真面目。

形态各异的甲型流感病毒、艾滋病病毒和登革病毒等，在电子显微镜的"火眼金睛"下，变得不再神秘。

至此，在19世纪末20世纪初，这些让众多的生物学家和医学家头疼不已的病毒，再也无法逃遁，有了电子显微镜的帮助，人类终于可以把它们一个一个地抓住了。

1939年，德国科学家考施等人第一次在电子显微镜下观察到了烟草花叶病毒[1]的形状，这是人类首次观察到这种小小的圆形物质，它们的直径只有18纳米左右，在没有电子显微镜的年代，这些物质是不可能被看到的。

电子显微镜让病毒无所遁形，步入20世纪后，科学家们观察到了更多的病毒：

1967年，马尔堡病毒被发现；

1976年，埃博拉病毒被发现。

这些危害人类生命的病毒，终于被人类的镜头成功捕捉到，电子显微镜的发明，为人类认识生命世界带来了奇迹。

---

1 烟草花叶病毒：缩写TMV，由单链RNA和外壳蛋白构成的中空、螺旋对称的棒状颗粒。它是烟草花叶病的病原体，是目前烟草生产中分布最广、发生最为普遍的一种病毒，对烟草的危害极大，这种病毒通常作用于植物。

# 打开原子世界的大门

　　在电子显微镜发明之前，大量的研究引发了动植物界关于病毒的猜测，而自从 1933 年电子显微镜问世后，人类文明就进入了第一轮应用方面的热潮，以及生物研究发展的黄金 10 年。

　　除了在生物领域上的应用，电子显微镜在其他领域也同样大放异彩。

　　1924 年，英国考古学家米歇尔和他的女儿，在玛雅城市卢班图姆发现了一颗水晶头骨[1]，据称有 3600 年的历史，由于当时有关世界末日的说法甚嚣尘上，这颗水晶头骨也被赋予了一层神秘的色彩。

　　根据玛雅预言所称，如果在 2012 年 12 月 21 日之前，人类无法找齐散落在世界各地的 13 颗水晶头骨，世界就会灭亡。

　　这个传言，大家应该都有所耳闻。然而，很多人都不知道，早在

---

1 水晶头骨：这里指的是米歇尔·黑吉斯水晶头骨。最著名的一颗水晶头骨，属于英国探险家弗雷德里克·米歇尔·黑吉斯，又被称为"厄运头骨"。

2008 年的时候，这个世纪谜题就已经被显微镜破解了。

通过扫描电子显微镜[1]的检测，博物馆的人类学家珍妮发现，这颗水晶头骨并不是用玛雅传统工艺中的沙砾打磨而成的，而是用了高速钻石切割旋转工具。

珍妮透过电子显微镜观察头骨的结构，猜测这颗头骨很可能是 1930 年左右被人工打造出来的。

电子显微镜的发明，对人类观察微观世界起到了十分重要的作用。

可以说，鲁斯卡发明的电子显微镜，为人类能够直接面对原子、探究原子世界打开了窗口；而扫描隧道显微镜的发明，则让人类能够更进一步，可以亲手去操纵原子。

至此，原子世界终于彻底向人类打开了大门。

20 世纪的美国物理学家理查德·费恩曼[2]在他的著作中写过一段十分有名的话：

如果在某种灾变中，所有科学知识都将被毁灭，只有一句话能传给

---

1 扫描电子显微镜：它是一种介于透射电子显微镜和光学显微镜之间的观察手段，其利用聚焦得很细的高能电子束来扫描样品，通过光束与物质间的相互作用，激发样品的各种物理信息，对这些信息进行收集、放大，将其进行二次成像，以达到对物质微观形貌表征的目的。

2 理查德·费恩曼（1918—1988）：美国物理学家，1965 年，因在量子电动力学方面的成就获得诺贝尔物理学奖。他曾经跟爱因斯坦和玻尔等大师一起讨论物理问题，也曾在赌城跟职业赌徒研究输赢概率，他的自传被称为"一封理科生写给世界的情书"。

后来的智慧生物，那么，怎样的说法能以最少的语言包含最多的信息呢？我相信那就是原子假说，即万物皆由原子构成。在这一句话里有着关于这个世界的极大量的信息。

我们之所以觉察不到原子，是因为它的体积实在太小了，普通原子的直径仅为一千万分之一毫米，把一个原子和一个苹果相比，就好像把一颗玻璃珠与地球相比，如此小的原子，单凭肉眼根本无法看见。

即使使用一种特殊的显微镜，我们也只能看见原子的大致形状，无法看见原子的具体结构。

是扫描隧道显微镜，使人类终于能够亲眼感知到原子，甚至可以对其进行操作，极大地提高了人类认识和操控微观世界的能力。

在前文，我们给大家介绍的那部世界上最小的电影，正是科研人员利用扫描隧道显微镜的针尖，在铜质衬底的表面轻轻地拨动一氧化碳的分子，将它们组合成了一个男孩和一个原子的形象，接着再把它们放大一亿倍，让这部世界上最小的电影呈现在我们的眼前。

扫描隧道显微镜的问世，终于带领人类走进了原子世界，这是显微镜发展史上的一座伟大的里程碑。

# 中国第一台扫描隧道显微镜

中国电子显微镜学科的人才，在国际上逐渐崭露头角。

中国科学院[1]于 1987 年 12 月成立了扫描隧道显微镜研制小组，由白春礼[2]担任课题组组长。

1985 年 9 月，白春礼受中国科学院化学研究所委派，到加利福尼亚理工学院做博士后和访问学者。不久，白春礼发现，实验室教授正在从事一项叫作扫描隧道显微镜的研究工作。

当时，扫描隧道显微镜的研究在中国尚属空白。通过仔细分析，白

---

1 中国科学院：简称"中科院"，成立于 1949 年 11 月，为中国自然科学最高学术机构、科学技术最高咨询机构、自然科学与高技术综合研究发展中心。

2 白春礼（1953—　）：化学家和纳米科技专家，中国科学院院士，发展中国家科学院院士，美国全国科学院外籍院士，英国皇家化学会荣誉会士，"一带一路"国际科学组织联盟主席。

春礼意识到，这是表面科学¹领域革命性的技术。

白春礼向教授提出，想要参加扫描隧道显微镜的研究，于是他成为跻身这一领域的第一位中国研究员。

1987年10月30日，白春礼把在异国他乡辛辛苦苦挣来的美元，全部变成了扫描隧道显微镜的研制资料和关键元器件，他携带着这些重要资料和元器件，怀着满腔赤诚，踏上归途。

当时的中科院化学研究所在负债几百万元的状况下，仍给白春礼的课题组提供了12万元的研究经费。

1988年4月12日，在白春礼的带领下，中国第一台计算机控制的扫描隧道显微镜研制成功！

---

1 表面科学：是对发生在两种相的界面（包括固－液界面、固－气界面、固－真空界面和液－气界面）上的物理和化学现象的研究。

# 结　语

　　从一滴雨水中的动物园，到细菌世界、病毒世界、微生物的世界，再到原子世界，显微镜最重要的意义就在于，它拓展了人类认知的边界。

　　自从 1673 年列文虎克发明了显微镜，至今已经过去了300 多年，人类的眼睛已经可以看到更小的微观世界。

　　显微镜使人类的视线从宏观领域延伸到神秘的微观王国，又使我们走进了真实的原子世界。或许有一天，更加新奇的科学发现，可以让我们跳出尺度、维度的概念，给我们带来更大的惊喜。

　　显微镜还会让我们看向更小的世界吗？让我们共同拭目以待吧！

# NO.5 人类如何看到宇宙

在遥远的古代，人类在没有任何工具的情况下，用肉眼观测星空，记录星象。

而随着人类对未知宇宙的不断探索，肉眼观星已经渐渐无法满足人类的好奇心，人类希望自己的眼睛能够看得更清晰、更远。

为了能够看到更多的星星，探索到更远的星空，人类开始发明观测工具，来进一步了解宇宙星空的运行规律。

无尽的夜空，人类到底能看到多远？

从肉眼观天，到利用望远镜观测星空，人类在将未知变为已知、探索宇宙更深处的奥秘的过程中，到底发生过怎样有趣的故事？

接下来，就让我们共同来了解人类探秘星空的"眼睛"——望远镜。

# 穿越千年的观星图

1973 年年底，湖南长沙马王堆汉墓的考古工作正在紧锣密鼓地进行着，大量的珍贵文物相继被发掘出来，刷新着人们对于历史的固有认知。

很快，负责勘测 3 号古墓的工作人员有了惊喜的发现——他们在墓中发现了一大批帛书[1]，经过专家的整理和初步考订，这批帛书名为《五星占》[2]。

《五星占》共九章，吸取了甘德《天文星占》和石申《天文》的部分内容，最后三章用列表的形式，记录了从秦始皇元年（前 246）到汉文帝三年（前 177）的 69 年间，木星、土星和金星的位置，以及这三颗

---

1 帛书：又名缯书，中国古代写在绢帛上的文书，以白色丝帛为书写材料。其起源可以追溯到春秋时期，现存实物以长沙子弹库楚墓中出土的帛书为最早。

2《五星占》：汉代天文占星著作，以五星行度的异常和云气星彗的变化来占卜吉凶的术数类帛书，用整幅丝帛抄写而成，约有 8000 字，前半部为占文，后半部为五星行度表。

行星在一个会合周期内的动态。

经考证，《五星占》中记载的金星会合周期为 584.4 日，和现代的天文观测值 583.92 日只差了 0.48 日，误差只有万分之几。

2000 多年前的古人，仅仅凭借肉眼观天，就能够计算出误差如此小的数值，是不是很令人敬佩呢？

大家以后如果有机会去长沙的博物馆参观，一定要好好看看马王堆汉墓里出土的这些文书。除了《五星占》，还有《天文气象杂占》，这两部书的内容都是讲述古人如何认识宇宙和天空，在世界天文学史上有着举足轻重的地位。

自古以来，人类就喜欢仰望星空，用双眼去观察世界，探索遥远而未知的宇宙万物的奥秘，这是人类的本能之一。

在古代的时候，人们甚至觉得，天上的星星和人类的命运是紧密相关的。

那么，在没有望远镜的时代，人类仅凭着一双肉眼，到底能够看到多少颗星星呢？

在著名的《苏州石刻天文图》[1] 中，一共绘制了 1434 颗星星，这是由南宋时黄裳 [2] 先生观测并绘制完成的。

---

1《苏州石刻天文图》：它是世界上现存较早的根据实测绘制的全天石刻星图，由南宋的黄裳绘制而成。浙江永嘉人王致远把这幅星图刻在了石碑上，石碑原保存在苏州文庙中，现存苏州碑刻博物馆。

2 黄裳（1146—1194 或 1195）：字文叔，号兼山，南宋制图学家，精通天文、地理和制图，绘成《苏州石刻天文图》《苏州石刻地理图》两幅图，具有很高的科学价值。

在那个年代，望远镜根本还没有出现，古人仅仅凭借肉眼，居然就观测到了这么多颗星星，并且准确地标注出了它们的方位，这实在是太令人敬佩了。

事实上，早在南宋之前的唐朝，中国就已经有了非常完备的观星体系，有《敦煌星图》[1]等古星图为证。

大家如果有时间，一定要看一看这些星图，看看古人绘制的星图跟现在的星图有什么不同之处！

# 扫把星与吉祥星

古人为什么要花费那么多的时间去看星星呢？除了因为浪漫和好奇，还有些什么实际作用呢？

最重要的实际作用，无疑是跟农业生产有关。除此之外，古代的中国人还会把个人和国家的命运，跟星星紧密联系在一起。

甚至，古人还给天上的星星分了类，有的星星是吉星，有的星星是灾星，好人就对应着吉星，坏人就对应着灾星。

---

1《敦煌星图》：现藏于英国不列颠博物馆，为世界现存古星图中星数较多而又较古老的一幅，绘制于唐中宗时期（705—710）。

在古人的观念里，当天空中出现灾星，那绝对是很不吉利的事情，比如彗星[1]。

在中国古代的很多典籍中，也有类似的记载，比如在大家都非常熟悉的《史记·秦始皇本纪第六》中，就记录了这样的内容：

七年，彗星先出东方，见北方，五月见西方。将军骜[2]死……

彗星复见西方十六日。夏太后[3]死。

彗星见西方，又见北方，从斗以南八十日。十年，相国吕不韦[4]坐嫪毐[5]免。

在这段文字中，"彗星"被视为一颗不吉利的星星：七年，彗星先

1 彗星：进入太阳系内亮度和形状会随日距而变化的绕日运行天体，拥有呈云雾状的独特外貌。当接近太阳时，彗星会在太阳辐射的作用下分解成彗头和彗尾，状如扫帚。

2 骜：即蒙骜（？—前240），战国末期秦国名将，本是齐国人，后投靠秦国，历仕四朝，数次率军出征，屡立战功，为秦始皇统一六国打下了坚实的基础。其子蒙武，其孙蒙恬和蒙毅，都是秦国的名将重臣。

3 夏太后（约前297—前242）：夏姬，战国时代秦孝文王嬴柱的嫔妃之一，秦庄襄王嬴子楚的生母，秦王嬴政的亲祖母。

4 吕不韦（？—前235）：姜姓，吕氏，名不韦，战国末期卫国商人、政治家、思想家，后为秦国丞相，姜子牙的二十三世孙，主持编纂《吕氏春秋》。

5 嫪毐（？—前238）（lào ǎi）：秦始皇之母赵姬的男宠，受秦国丞相吕不韦之托，假扮宦官进宫，骗取赵姬的信任，后被人告发，发动叛乱失败，被秦王嬴政处以极刑。

后在东方和北方出现，五月，彗星又出现在西方，大将军蒙骜死了……彗星又出现十六天后，夏太后死了；之后，相国吕不韦因为受到嫪毒叛乱一事的牵连，而被罢官免职。

由此可见，起码在《史记》的作者司马迁生活的时代，人们都觉得彗星就是一颗不吉利的扫把星，只要它出现在天上，就会发生倒霉的事情。

那么，有没有什么星星，是被古人视为吉星的呢？

当然有，在宋朝至和元年，也就是 1054 年，很多大宋子民都惊讶地发现，天空中出现了一颗非常亮的星星。

当时主管天文学的官员给这种突然出现的星星取了个名字，叫作"客星"。

为什么会取这样一个奇怪的名字呢？因为按照中国古人的理解，天上的星星都是各司其职的，每一颗星星都有各自的位置，每一年、每个季节和每一天，它们都要在固定的位置出现，到了时间就会自行消失，总而言之，所有的星星都是按照规律运行的。

但是，总有一些星星，它们会莫名其妙地突然出现，比如紫微垣[1]，它们就好像是家里突然来了不速之客，我们不知道这样的客人为何而来，也不知道这样的星星是好还是坏，所以便给它们取名为"客星"。

宋朝突然出现在天空中的这颗"客星"，最大的特点就是亮，它亮

---

1 紫微垣：三垣之一，也叫紫微宫，源于远古时期中国人民对星辰的自然崇拜，是天帝居住的地方，也是皇帝内院，除了皇帝，皇后、太子、宫女都在这儿居住。

到什么程度呢？人们在大白天都能看到它！

对于这样一颗令人无法忽视的"客星"，皇帝当然也会看见，于是，当时主管天文观测的官员，特意给皇帝宋仁宗上了一个奏本，向皇帝报喜，天空中出现了这么明亮的客星，这说明天下万民生活幸福，预示着大宋江山万年不倒，是祥瑞之兆。

看了这样的报告，宋仁宗当然龙颜大悦，文武百官庆贺。

那么，这颗明亮异常的"客星"，到底是哪颗星星呢？

大约在1731年，有人用望远镜观测天空，无意中发现了一大团非

图5　蟹状星云图

常奇异的星体，由于这团星体的外观看起来像是一只螃蟹，于是就给它命名为蟹状星云[1]。

大家不妨看一下用天文望远镜观测到的蟹状星云图，感受一下它的美丽与神秘。

到了1892年，科学家们根据他们观测到的结果，比对了中国宋代出现的那颗"客星"的记录，推测被宋仁宗视为吉星的，就是蟹状星云。

由此，我们就知道，天文望远镜对人类来说有多么重要，如果宋代的中国人就已经有了类似望远镜的观测设备，我们会不会也开创出一段全新的历史呢？

# 望远镜的诞生

天文望远镜，我们可以把它理解成一只人造的眼睛，它可以帮助人类看得更远。

但是，大家是否知道，望远镜是什么时候诞生于世的呢？

---

1 蟹状星云：位于金牛座ζ星（中名"天关"）西北1°处的一个超新星残骸和脉冲风星云，是银河系英仙臂的一部分，距地球约6300光年，是首颗被确认为历史上超新星爆发遗迹的天体。

要回答这个问题，就要从被誉为"奇异博士"的罗吉尔·培根[1]讲起。

　　大约在 13 世纪中期的一个雨后的傍晚，罗吉尔·培根来到花园散步，透过蛛网上的雨珠，他发现树叶的纹路被放大了不少。

　　罗吉尔·培根高兴地跑回家，找来金刚石和锤子，割出一块玻璃，透过这块玻璃来看书，果然，书上的文字也被放大了！他欣喜若狂，又给玻璃安上了木板和手柄，方便人们把它拿在手中，用来阅读和写字。

　　这种镜片后来经过不断改进，又慢慢演变为望远镜，并在全世界流行开来。

　　最早的望远镜，就是我们常见的单筒折叠望远镜。在望远镜的历史上，这种望远镜有着非常重要的作用。我们现在看关于那个时代的影视剧，会发现里面的很多人都是用这种单筒折叠望远镜来观看远处的。

　　单筒折叠望远镜传入中国后，被中国人称为"千里镜"，顾名思义，它能够帮人们看到很远之外的事物。

　　最初，大多数人只是把望远镜当作一个玩具，但在极少数的聪明人眼中，这个东西的用途可实在是太大了。

　　一提到用望远镜观测月亮，大家可能都会想到大名鼎鼎的伽利略。

　　但是望远镜的发明者并不是伽利略，而是一个名叫汉斯·利佩希的荷兰眼镜制造商。

　　1608 年的一天，汉斯·利佩希看到，有两个小孩在他店外捡到了两片废弃的镜片，他们把两片镜片重叠在一起对着远处观看，居然将远

---

1 罗吉尔·培根（约 1214—约 1292）：英国唯物主义哲学家、自然科学家，实验科学的先驱，具有广博的知识，素有"奇异博士"之称。

处的教堂放大了！

汉斯·利佩希赶紧把这两片镜片拿回店里仔细研究，很快，他就惊讶地发现，当他把一组凸透镜和凹透镜以一个恰当的距离放置，并望向远处的景物时，景物就会被放大。

虽然汉斯·利佩希发明的望远镜只能把物体放大 3 倍，但是，世界上的第一台望远镜就此诞生了。

对于望远镜的发明，一直存在两种争论：一种说法是，当时想要申请望远镜发明专利的眼镜制造商太多了，最终没有任何人得到专利，这成了一桩悬而未决的公案；另一种说法是，在 1608 年 10 月 2 日的时候，荷兰政府把望远镜的专利权授予了汉斯·利佩希。

总之，今天大多数人都认为，汉斯·利佩希就是望远镜的发明者。

# 观测月亮第一人——哈略特

就在望远镜发明问世一年之后，在位于英吉利海峡另一边的英国，有人将望远镜的物镜瞄向了月亮，并绘制出了一张最早的望远镜月面图。

咦，是不是已经有人犯糊涂了？伽利略用望远镜观测月亮的故事家喻户晓，可是，伽利略不是意大利人吗？他怎么跑到英国去观测月亮了？

别急，其实最早用望远镜观测并绘制出月面图的人，并不是伽利略，而是一个名叫哈略特的数学教师。哈略特的主要研究方向是代数理论，他在英国乃至欧洲都小有名气。

望远镜发明问世之后，哈略特立即对这个东西产生了兴趣，他拿着望远镜到处看，无意之中，就将镜头对准了月亮。

1609 年 7 月 26 日，哈略特用一台望远镜第一次观察了月球，他的这一次观测，要比伽利略早上好几个月！

哈略特看到的月亮，跟我们今天看到的月亮没有什么区别，但是他有着严谨的科学精神，将自己看到的景象详细地记录了下来。

并且，哈略特还很擅长绘画，他把每一次观察月亮的结果，都用笔认认真真地画在了纸上。

从 1610 年到 1613 年，哈略特坚持用望远镜观察月亮，用文字和手绘记录自己观察到的月面图。伴随着观察的深入，他记录的范围也越来越广，让我们得以看到更多关于月球表面的画面。

# 伽利略望远镜

虽然从严格意义上说，哈略特才是最早用望远镜观察和绘制月面图的人，但一提到观测月亮，最有名的人物，当然要数伽利略！

接下来，就给大家讲一讲伽利略和望远镜之间的故事吧！

1609年，伽利略45岁，是帕多瓦大学[1]的一名教授，那个时候的伽利略，不仅没有名满天下，教书的收入也非常有限。

如果伽利略能活到今天，他肯定不会再为生计而发愁，但在1609年的时候，他的生活还是比较困顿的，他热切地盼望着自己的人生能够发生一次华丽的大转身。

恰恰就是在伽利略试图改变自己命运的时候，望远镜发明问世了。

1609年5月，伽利略听说一个荷兰眼镜商人在不经意间制作出了一架幻镜，可以看清远处用肉眼看不到的东西。

伽利略从幻镜中得到启发，决定自己也做一架。他买来了玻璃，磨制出一对凸透镜和凹透镜，准备进行安装。

但没想到，等待伽利略的是一次又一次的失败，不是镜片的大小不匹配，就是薄厚不合适，要么就是找不准两块镜片之间最完美的距离，无法获得清晰的成像。

经历了一番令人头疼的摸索，伽利略终于克服了重重困难，制作出了一个直径4.4厘米、长约1.2米、可以滑动的双层金属筒，他用凸透镜做物镜，用凹透镜做目镜，制成了我们今天依然能看到的伽利略望远镜。

伽利略望远镜属于折射望远镜，它的成像原理是：在我们要观测的

---

1 帕多瓦大学：世界上最古老的中世纪大学之一，建于1222年，以倡导和保卫学术与教学自由为初衷。伽利略曾于1592年至1610年间在帕多瓦大学授课。

图 6　伽利略望远镜

天体的方向，有一个凸透镜，天体发出的光经过凸透镜后，产生汇聚作用，在镜头里有一个焦点，在这个焦点的位置，再放置一个凹透镜将光进行发散，这样就能在靠近人眼的地方，最终形成一个非常清晰的成像。

伽利略仅仅用了几周时间，就制作出了这台颇为精密、能够将物体放大 6 倍的望远镜。伽利略趁热打铁，紧接着又做了一架放大倍率达到 9 倍的望远镜，而且图像不会变形。

之后，伽利略为了给自己增添荣誉和名利，开始推销和推广自己发明的望远镜。他带着这套系统，直接找到了威尼斯总督。当着总督和众多官员的面，伽利略在高塔之上，利用望远镜远远地进行了一番观测。

通过望远镜，伽利略看到了远方驶来的船舶的帆顶，而人眼直到两个小时后，才看到同样的帆顶。望远镜的神奇，令在场的所有人都为之惊叹。

当时，航海贸易已经很发达了，人们迫切地需要自己的眼睛能看得更多、更远，因为这样就能在复杂的航海环境中，获取更多的信息。

包括威尼斯总督在内，在场所有的人都对伽利略的望远镜非常感兴趣，而伽利略也是一个非常识时务的人，他立马将这台望远镜献给了官员们，并且详细地为他们说明了望远镜的使用方法。

伽利略还非常明智地向官员们指出，望远镜在军事、航海等诸多领域的重要意义。

为了感谢伽利略的慷慨相送，官员们也给予了伽利略丰厚的回馈——鉴于伽利略对威尼斯做出的贡献，他从普通的大学教授直接被提升为终身教授，年薪也从 400 个金币涨到了 1000 多个金币。

伽利略得偿所愿，终于迎来了人生中的华丽转身，不仅为自己赢来了名誉，也得到了金钱上的丰厚回馈。

那么，名利双收的伽利略，接下来又做了什么呢？

他并没有被名声和财富冲昏头脑，而是再接再厉，去研究更高放大倍数的新型望远镜去了。

# 星际使者的陨落

1609 年 11 月，也就是伽利略首次见到威尼斯总督并献上望远镜的三个月之后，他就通过钻研，将望远镜的放大倍数从 6 倍提升到了 20 倍！

用这台能够将物体放大 20 倍的望远镜，伽利略观测的第一个天文目标，就是距离地球最近的天体——神秘的月亮女神。

跟哈略特一样，伽利略在观测月亮的时候，也绘制了详细的月面图。

伽利略绘制的月面图，已经是非常接近真实的月球图了，从他的手绘图中，我们甚至已经可以看到月球表面上那些坑坑洼洼的陨石坑了。

就这样，伽利略小心翼翼地将他的望远镜指向了夜空。

1609 年 12 月，他将自己看到的月面图绘制了下来。从前在人类眼中光洁如镜的月亮，在伽利略的笔下，却成了一颗布满大大小小坑洞的荒凉星球。伽利略还把坑洞边缘那些高耸突出的地貌，取名为"环形山"。

1610 年 1 月，伽利略通过 30 倍放大率的望远镜，首次观察到了木星和它的四颗卫星，由此，他意识到，地球并不是宇宙唯一的旋转中心。

不仅如此，他还发现了金星的盈亏、太阳表面的黑色斑点，以及成千上万颗用肉眼看不到的恒星。

伽利略把自己的观测发现记录整理后，出版了一本著作——《星际使者》。

这本书一经出版，就立即被抢购一空。伽利略在书中披露出的种种发现，给西方社会带来了巨大的震撼，也让伽利略本人如愿以偿地名声大噪。

然而，世事无常，从大的时间尺度来看，任何一个名人，任何一位科学家，他的人生当中，可能都会经历一段悲剧式的日子，伽利略也不例外。

在《星际使者》大获成功的时候，伽利略绝对想不到，这段时光，将是他人生中最后的辉煌。

因为有了更高放大倍数的望远镜，伽利略比其他人先一步了解了宇宙空间，他最早意识到"地心说[1]"存在着巨大的问题。

要推翻权威，需要付出巨大的代价，伽利略深知对"地心说"发表怀疑，会导致怎样的后果。但善良耿直的科学秉性，又使他无法无视自己亲眼见到的科学真理。

---

1 地心说：亚里士多德的"地心说"认为，宇宙是一个有限的球体，分为天地两层，地球位于宇宙的中心，所以日月围绕地球运行，物体总是落向地面。

伽利略开始极力地维护哥白尼 [1] 提出的"日心说 [2]"。

虽然，伽利略没有像布鲁诺 [3] 那样被处以极刑，但也因此而遭到了长达 9 年的软禁，当时，伽利略已经是将近 70 岁高龄的老人了。

虽然从 45 岁开始，由于发明望远镜和观测月亮的贡献，伽利略获得了巨大的名利，但他的晚年过得比较凄凉和悲惨。

1634 年，负责照顾伽利略的女儿，先父亲一步离世，当时的伽利略已经双目失明，失去了女儿的照顾，他的生活更加困苦。

1642 年 1 月 8 日，伽利略，这位终生为科学奋斗的巨人再也坚持不住了，在一座别墅中孤独离世。

---

1 哥白尼（1473—1543）：文艺复兴时期的波兰天文学家、数学家、教会法博士、神父。大约 40 岁时提出"日心说"，改变了人类对自然、对自身的看法，代表作为《天体运行论》。

2 日心说：也称为地动说，是关于天体运动的、和地心说相对立的学说，它认为太阳是宇宙的中心，而不是地球。

3 布鲁诺（1548—1600）：文艺复兴时期意大利思想家、自然科学家、哲学家和文学家。由于勇敢地捍卫"日心说"，被教会视为"异端"，并被烧死在罗马鲜花广场。

# 牛顿发明反射望远镜

　　望远镜就像一个漏斗，它用主镜片或透镜收集星光，一并送入人类的眼睛。

　　早期的望远镜，全部是折射望远镜。这类望远镜有一个很大的问题，就是透镜对不同颜色光的偏折程度不同，造成看到的影像会出现像彩虹一样的光晕，成像不清晰，这种现象叫作色差。

　　要如何解决折射望远镜的色差问题呢？

　　最直接的办法，就是将透镜的焦距拉长。焦距拉得越长，色差就会越小。但这样一来，就会产生新的问题——口径越大，望远镜就会变得越长。

　　1673 年，波兰的赫维留[1]制成了一台长达 46 米的望远镜，它的口径只有 20 厘米，为了支撑住超长的镜筒，不得不将镜筒悬吊在大约 30 米高的桅杆上，每次使用的时候，需要许多人用绳子合力拉动，才能让镜筒起落升降。

---

1 赫维留（1611—1687）：波兰天文观测家、铜版画雕刻大师。他使用非常柔和的雕刻技法，将星图图案刻印成图，流传至今。他创作的星图造型极为优美生动，是古典星图中的宏大辉煌之作。

整个 17 世纪，折射望远镜做得越来越长，使用操作也变得越来越困难，长长的镜头非常不稳定，导致这种望远镜最终被淘汰。

1671 年，牛顿发明了反射望远镜。

反射望远镜用了一个球面镜或抛物面镜取代了折射望远镜前面的透镜，光线经过望远镜的前端进入，在主镜上进行反射，再通过平面镜，把光线引到望远镜前端的侧面。

透过反射望远镜的目镜，可以看到没有色差的成像。

由于反射望远镜的成本要比折射望远镜低得多，一直到今天，人们所使用的专业天文望远镜，依然都是反射望远镜。

发明反射望远镜的时候，牛顿还只是个初出科学界茅庐的新人，也不是英国皇家学会的会员。1671 年，当牛顿带着自己发明的反射望远镜来到英国皇家学会时，立即引发了科学界的轰动。

然而，就连牛顿自己都没想到，他的这项涉及光学和仪器设计领域的新发明，却直接触犯到了英国皇家学会里的一位大人物——首任实验室主任罗伯特·胡克——的利益。

# 发明者之争

罗伯特·胡克是著名的"胡克定律"的提出者，有着"英国达·芬奇"的称号，他改进过望远镜，并由此观测到了木星大红斑和月球环形山。

在那个科学突飞猛进的年代，新的科学发现和突破可以为科学家带来无尽的财富和荣耀。面对跟自己擅长的领域极为相近、很有可能会动摇自己地位的牛顿，罗伯特·胡克的反应十分激烈。

罗伯特·胡克对于牛顿发明的反射望远镜极为不屑，他说，早在7年前，他就已经造出了这种东西，而且他造出来的，要比牛顿这台长度为16厘米的望远镜更小巧，长度只有3厘米，并且更好用，可以直接放到怀表里，揣进口袋里。

对于罗伯特·胡克的质疑，牛顿自然也秉持着科学的精神，不客气地予以还击，认为罗伯特·胡克在吹牛。

罗伯特·胡克和牛顿展开了唇枪舌剑的辩论，英国皇家学会里的其他会员，只有围观的份儿，他们既尊重罗伯特·胡克的权威，也觉得牛顿说得不无道理，一时间也不知道该相信谁，更不知道该站在哪一边。

最后，总算有人说了句公道话，干脆把罗伯特·胡克和牛顿各自发明的望远镜，摆在一起比较一下，哪个望远镜能看得更远，看得更清晰，哪个望远镜自然就是更好的。再没有比这更公平、有效的办法了。

牛顿的反射望远镜已经展示出来了，牛顿还特意把设计图纸都拿了出来。

然而，罗伯特·胡克却拿不出自己口中"更小巧、更好用"的望远镜，对此，他的解释是，前阵子伦敦城内发生了大火，他的设计图纸和样品都在大火中付之一炬了。

虽然罗伯特·胡克试图用一场大火来为自己辩护，勉强保住了颜面，但由于他拿不出样品和图纸，最终，反射望远镜的发明权归牛顿所有。

从此以后，罗伯特·胡克和牛顿在科学界旷日持久的争论战，也拉开了帷幕。

与此同时，越来越多的科学家也纷纷投身到研究和制作新型望远镜的发明行列中，除了上文提到的罗伯特·胡克、伽利略和牛顿，还有开普勒[1]、笛卡儿[2]、惠更斯[3]和赫歇尔[4]等人。

望远镜的口径被做得越来越大，设计和加工的精度也越来越高。

---

1 开普勒（1571—1630）：德国天文学家、数学家、占星家。他发现了行星运动三大定律，分别为轨道定律、面积定律和周期定律。

2 笛卡儿（1596—1650）：法国哲学家、数学家、物理学家。他被认为是"解析几何之父"，也是西方现代哲学思想的奠基人之一，近代唯物论的开拓者，提出了"普遍怀疑"的哲学主张。

3 惠更斯（1629—1695）：荷兰物理学家、天文学家、数学家。他是介于伽利略和牛顿之间的一位重要的物理学先驱，建立了向心力定律，提出了动量守恒原理，并改进了计时器。

4 赫歇尔（1738—1822）：英国天文学家、古典作曲家、音乐家，恒星天文学的创始人，被誉为"恒星天文学之父"，英国皇家天文学会第一任会长，法兰西科学院院士。

# 天文学家哈勃 [1] 的伟大发现

一提到著名的望远镜，就不得不提到为了纪念罗伯特·胡克而得名的"胡克望远镜"。

1908 年，一家玻璃工厂接受了胡克望远镜的建造任务。他们打造了一个直径为 2.5 米的镜片，其原材料来自 4.5 吨的玻璃瓶，这是当时人类能够制造出来的最大的玻璃镜片，虽然镜片上充满了气泡，但它看到的景象足以彻底改变人类对于宇宙的认知。

而那位使用胡克望远镜揭示了银河系的真实大小及地球所在位置、证明了宇宙膨胀理论的科学家，他的名字绝对如雷贯耳，那就是赫赫有名的天文学家——埃德温·哈勃。

1923 年 10 月 6 日，哈勃通过胡克望远镜，观测到了一种不同寻常的宇宙影像。

---

1 哈勃（1889—1953）：美国著名天文学家，研究现代宇宙理论最著名的人物之一，河外天文学的奠基人，提供宇宙膨胀实例证据的第一人，被誉为"星系天文学之父"。

从观测笔记中，我们仍能感受到哈勃当时兴奋的心情，他在图中做了标注，而被哈勃标注的地方，就是令他兴奋不已的新发现———一颗变星[1]。

肯定有人会问，什么是变星呀？

通常我们看到的恒星，亮度几乎都是不变的，但也有不少恒星会由于电磁辐射不稳定等因素，亮度会有显著的变化，这就是变星。

更通俗一点的解释，变星就是所谓的"一闪一闪亮晶晶"的星星。

平时大家最熟悉的恒星是哪颗？对，就是太阳。太阳的亮度在 11 年的太阳周期里，只有 0.1% 的变化，而在 19 世纪，天文学界对于恒星的了解非常有限，别说变星了，大家对于太阳都所知甚少。

所以，当哈勃用胡克望远镜发现了变星之后，他简直太兴奋了，这绝不仅仅是一个新发现那么简单，这个发现对于人类的重要意义和深远影响，是不可估量的。

那么，哈勃发现变星这件事，到底意味着什么呢？

最初，哈勃的父亲本希望儿子能够当一名律师，但在第一次世界大战结束后，哈勃从陆军退役，直接来到了威尔逊山天文台[2]，他兴致勃勃地使用当时威尔逊山上最好的胡克望远镜观测夜空。

---

1 变星：指亮度与电磁辐射不稳定的，经常变化并且伴随着其他物理变化的恒星。

2 威尔逊山天文台：位于美国加利福尼亚州帕萨迪纳附近的威尔逊山上，距离洛杉矶约 32 千米，海拔 1742 米，是 1904 年在美国天文学家乔治·埃勒里·海尔的领导下，由华盛顿卡内基研究所建立的。

哈勃每晚观测夜空时，都会拍摄胶片，渐渐地，他发现有一颗奇怪的恒星，它每个月都会改变亮度。哈勃逐一比对胶片，反复确认，其他天体都没有什么变化，唯独这颗恒星的亮度会忽明忽暗。

而哈勃接下来一连串的发现，都跟这颗一闪一闪的恒星有关。

这颗一闪一闪的恒星，实际上是一种非常特殊的周期变星，叫作造父变星[1]。

当时，天文学家已经意识到了造父变星的周光关系，即它的光变周期和光度是成正比的。通过周光关系，我们可以对造父变星的光面进行周期的测量，就可以知道它实际上有多亮，因而就可以测量出它跟我们之间的距离。

因此，造父变星又被人们称为"量天尺"。

哈勃在 M31 的仙女座星云里选取了几颗造父变星，通过对这些造父变星的光变周期的测量，计算出了它们离我们的距离——它们离我们非常远，比银河系跟我们之间的距离还要远。

也就是说，仙女座星云并不位于银河系里，它属于另外一个星系。而这就意味着，银河系并不是宇宙的全部，在银河系之外，还有很多很多更加遥远的星系。

之后，哈勃又通过对其他一些造父变星的观测，测出了它们各自所属的星系与我们的距离，同时通过光谱的测量，他发现星系远离我们的

---

1 造父变星：变星的一种，它的光变周期（即亮度变化一周的时间）与它的光度成正比，可用于测量星际和星系际的距离，因此被誉为"量天尺"。

速度，其实是跟星系的距离有关系的，这就是著名的哈勃定律。

通过这一系列的观测和计算，哈勃得出这样的结论——银河系不是唯一的星系，宇宙中充满了星系，而星系的运行轨迹是向四面八方分散的，这说明宇宙本身正在不断地膨胀，意味着宇宙大爆炸的存在。

# 太空之眼——"哈勃"

人类对于宇宙的探索欲和好奇心是没有穷尽的，要探索宇宙更深远的奥秘，就意味着需要性能更好的望远镜。

然而，再强大的光学望远镜，也只能建在地面上，站在地球表面去观望宇宙，就是观测和研究的最大局限。

如何才能探索更深远的宇宙呢？

大家有没有发现，那些大型的专业天文台通常都不会建在城市中，而都建在人迹罕至的地方，这是为什么呢？

因为天文观测要避免光的污染。

城市的夜晚，万家灯火，车水马龙，亮如白昼，在这样庞杂的光污染条件下，光学望远镜是很容易受到干扰的。

但即便是远离城市，只要是在地球上，光学望远镜就会受到各种各样的干扰，比如大气层的干扰。

因此，早在 1948 年，美国天文学家莱曼·史匹哲[1]就提出了一个大胆的想法——把望远镜放到太空中去，这样就可以不再受大气层的干扰了。

在 1948 年，这个想法确实是有点异想天开了，然而在 42 年之后，也就是 1990 年，以天文学家埃德温·哈勃命名的哈勃空间望远镜，终于发射成功了！

莱曼·史匹哲提出的设想被实现了，全人类的期望都伴随着"哈勃"进入宇宙，我们真心希望"哈勃"能够看到更多的东西！

可是，当人们满怀期待地等待看到宇宙的全景时，这台造价 20 亿美元、花费了无数人心血的望远镜，给我们传回来的照片，却是漆黑一片。

工程师们发现，这台巨型望远镜的镜片变形了！

由于镜面变形，"哈勃"传回的图像，并没有比地面望远镜拍摄的图像更好。

那么，"哈勃"的镜片为什么会变形呢?

问题的根源在于主镜的形状，镜面的边缘被磨得太平了，与需要的位置差了约 2.2 微米。这个误差比人类的毛发还细，却造成了严重的球面像差，使镜面边缘的反射光不能聚集在与中央的反射光相同的焦点上。

在设计之初，哈勃空间望远镜就必须进行定期维护，当镜面变形的

---

1 莱曼·史匹哲（1914—1997）：美国理论物理学家、天文学家，太空望远镜概念的提出者，等离子体物理学专家，仿星器的发明者。

问题明朗化之后，第一次维护就变得非常重要。

为此，宇航局精挑细选了 7 名最优秀的宇航员，对他们进行了近百种专门工具和维护方法的密集训练，目的就是让他们顺利地完成维护任务——飞上太空，为"哈勃"重新戴好"眼镜"。

终于，维护工作成功完成，"哈勃"重新戴好了"眼镜"，不负众望地向地球传回了第一张宇宙深处的瑰丽图片。

通过"哈勃"传回来的一张张宇宙图片，人类不断惊叹于宇宙的壮美：巨大的土星光环、螺旋星云那令人难忘的"濒死凝视"、闻名遐迩的创生之柱鹰状星云……

"哈勃"，就像是一双人类放置在太空当中的眼睛，它帮助人类看到在地球上根本看不到的宇宙景象，让人类有机会更进一步去了解我们生活的宇宙。

# 1000 亿颗恒星

在"哈勃"被修复之后，全世界的天文学家都期待着可以亲自通过"哈勃"去观测一下太空。

但"哈勃"毕竟只有一台，这个资源实在是太宝贵了，全世界的科学家和天文工作者只能提出使用申请，然后耐心排队等待。即便如此，每次分给申请者的观测时间，对他们想要完成的研究目标来说，都是不够用的。

然而，有这么一个人，他却有经常使用"哈勃"的特权，这个人是谁呢？

他就是美国空间望远镜科学研究所所长——罗伯特·威廉姆斯[1]，他可以在"哈勃"的工作时间中，分出一小部分给自己自由支配。

假如我们是威廉姆斯所长，我们会用"哈勃"观测什么呢？

我们再来猜一猜，威廉姆斯所长到底用"哈勃"干了什么呢？

答案绝对会令你大跌眼镜——威廉姆斯所长用"哈勃"对准一块非常小的漆黑宇宙，居然连续观测了10天！

这个消息散播开后，其他的科学家都气坏了，大家一致谴责威廉姆斯所长滥用职权，这么宝贵的"哈勃"，全世界的科学家都在排着长队等着一睹为快，威廉姆斯居然拿它对着一块还没有吸管大的黑色虚空浪费了10天！

然而，当"哈勃"将威廉姆斯所长观测的那一小块黑暗虚空的影像传送回来之后，所有人都震惊了，再也没有人质疑威廉姆斯所长了。

"哈勃"到底在那一小块黑暗虚空中，拍摄到了什么呢？

在人们原本以为空无一物的黑暗虚空中，"哈勃"拍摄到了上万个星系，粗略估算一下，这些星系中有1000亿颗以上的恒星！

1000亿！大家不妨在纸上把这个数字写下来，看看它后面到底有

---

1 罗伯特·威廉姆斯（1940—　）：前"哈勃掌门人"，美国空间望远镜科学研究所（STScI）前所长，国际天文学联合会（IAU）前任主席。

多少个"0"。

如此庞大的数字瞬间让人类意识到宇宙的广阔、庞大和浩渺，也深深感受到了人类的渺小和微不足道。

而这张有如在黑色纸张上用颜料随便喷洒过的图片，也就成了"哈勃"拍摄的最有名的一张图片，它的名字是深空视场。

哈勃空间望远镜替人类看到的惊喜，每一个都将永载科技史册。

但是，这台为人类工作了30多年的空间望远镜，如今已经是在超负荷运转了。

为什么哈勃空间望远镜无法退休呢？原因在于，接替它上岗的詹姆斯·韦布空间望远镜[1]，迟迟无法发射到太空。

詹姆斯·韦布空间望远镜这个原计划耗费5亿美元、将于2014年发射升空的大家伙，因为各种原因，导致项目严重超支，最新预估总耗费高达96.6亿美元，发射时间也从2014年推迟到了2021年3月30日。

等这位娇气又重要的接班人——詹姆斯·韦布空间望远镜升空之后，它非常重要的一项工作就是探寻内地星球中外星生命的存在。

---

1 詹姆斯·韦布空间望远镜：缩写为JWST，是美国国家航空和航天局、欧洲航天局和加拿大航天局联合研发的红外线观测用太空望远镜。它已于2021年12月25日发射升空。但是，哈勃空间望远镜并未因它运行而退休。

# 中国造射电望远镜——FAST

人类从最初对星空的好奇，到对宇宙的不断认知，再到了解宇宙大爆炸，知晓太阳终有一天会燃烧殆尽……制造望远镜不只是为了满足人类的好奇心，最终的目的将是让人类活下去。

由于光学望远镜永远都存在可见光与不可见光的局限，科学家们迫切地希望能通过阻挡可见光的尘埃，通过红外线和紫外线来探索无法用肉眼窥见的全宇宙——射电望远镜，即为此而产生。

在中国贵州，有世界上最大的射电望远镜——FAST。

脉冲星、类星体、宇宙微波背景辐射和星际有机分子，被称作20世纪60年代天文学的四大发现。

而这四大天文发现，全都跟射电望远镜有关。

射电望远镜跟光学望远镜是不一样的，光学望远镜是通过观测直接得到天体的图像，而射电望远镜接收的是天体在无线电波段的辐射，它更像是用耳朵去接收天体的无线电信号。

所以，射电望远镜直接得到的是天体在一个特定的波长上，随着时间信号强度的变化，将它的信号从时间域的信号转到空间域，我们才能最终得到天体的射电图像。

我们今天所能看到的"黑洞"的照片，全都是通过射电望远镜转换后得到的天体信号。

FAST，是利用中国贵州南部喀斯特洼地的独特地形条件，在平塘县克度镇绿水村然路组的大窝凼之中，建成的一个约30个足球场那么大的高灵敏度、巨型射电望远镜。

它独特的索网结构灵活地控制着由4450块独立反射面板组成的反射面，对准天体目标，再由6根钢索拖动重达30吨的馈源舱，抵达焦点位置，跟踪天体发射的电波，这让它足以观测到任意方向的天体。

FAST的钢索的研发成功，促进了12项自主创新专利成果的产生。

时间跨度最大、精度最高的索网结构，在FAST工程上也得以成功应用。

虽然FAST体形巨大，但并不意味着它不堪重负，反射面板以带孔洞的方式出现在世人面前，风从这里吹过，雨从这里流过，阳光从这里穿过，FAST从2300吨瘦身至1300吨。带孔洞的反射面板，让FAST与大自然融为一体，造就了当代工程奇迹。

在FAST之前，德国的埃菲尔斯伯格射电望远镜，口径达到了100米，被人称作当时地球表面上最大的机器。

后来，美国人修建了阿雷西博射电望远镜，口径达到了305米。

而在2016年9月，由中国建成的FAST，成了世界上最大的射电望远镜，因为它的口径达到了500米。与人类此前建造的其他射电望远镜相比，FAST的综合性能大约提高了10倍，它是当之无愧的世界第一，是我们中国人的骄傲！

FAST 前工程首席科学家兼总工程师南仁东[1]先生如此评价 FAST：

从 FAST 望远镜的科学目标分析上来看，它会给中国的射电天文工作者创造一个非常好的突破机会。这是过去我们没有的。我们的 FAST 是沿袭了中华民族仰望上苍、观测斗转星移这样一个文化传统。

# 来自宇宙深处的声音

FAST 的出现，将帮助我国科学家探索未知世界，探索宇宙空间奥秘，以及人类起源，等等重要课题。

2014 年春天，FAST 的第一座馈源支撑塔建成，当时，FAST 的首席科学家兼项目总工程师南仁东兴致勃勃地对几位工作人员说："你们几个明天陪我去爬支撑塔去，我要走在最前面。"

刚完工的支撑塔，护栏不太坚固，爬的时候塔架一直在抖，但南仁东并不在意，兴奋地在塔上拍完照才肯下来。

之后的几座支撑塔建好时，大家也想把第一次爬上塔架的机会让

---

1 南仁东（1945—2017）：中国天文学家，中国科学院国家天文台研究员，曾任 FAST 工程首席科学家兼总工程师。2019 年 9 月 17 日，国家主席习近平签署主席令，授予南仁东"人民科学家"国家荣誉称号。

给南仁东。因为大家知道，FAST 就像是南仁东用毕生心血拉扯大的孩子，他想用自己的方式去抱抱自己的孩子。

遗憾的是，在 FAST 完工后不久，南仁东就因病去世了。

但在南仁东的手下，FAST，这台世界上最大的射电望远镜，已经慢慢睁开巨眼，环视太空，它的测控能力可以延伸到太阳系外，即将给我们发回第一个脉冲星信号。

2017 年 9 月 25 日，也就是天眼一周岁的那一天，中国首次公布了由 FAST 射电望远镜探测到的一段来自宇宙深处的神秘声音，这是天眼首次探测到的一段脉冲信号，也是人类和宇宙之间一次超越千年的共鸣。

2019 年 9 月 4 日，来自中科院国家天文台 FAST 项目部发布的消息：FAST 首次探测到快速射电暴重复爆发。

科学家称，这段宇宙深处的神秘射电信号距离地球约 30 亿光年。

人类对于宇宙的探索还在继续，而外星生物和类地行星是否真的存在，也等待着科学家们去揭开真相。

# 结 语

　　望远镜的发明，是人类科学史上的重要转折点之一。它将整个宇宙呈现在了我们的面前，透过探索未知的眼睛，我们发现并探寻着宇宙的最初、现在和未来，将更多未知变为已知，突破了重重限制，看到了人类的肉眼所看不到的更多奥秘。

　　以光速从地球出发，到达太阳系边缘，大约需要 50 个小时；到达银河系边缘，大约需要 5 万年；到达另一个星系，大约需要 240 万年；而要到达宇宙的边缘，大约需要137.5 亿年。

　　浩瀚的宇宙是如此神秘，虽然我们无法亲自前往其他恒星，但我们可以通过现在的望远镜，以及未来的望远镜，了解宇宙，了解人类是不是宇宙之中唯一孤独的存在。

# NO.6 人类如何潜入深海

　　茫茫大海，几乎占据了地球总面积的三分之二。在蔚蓝的海洋里，不仅隐藏着关于地球起源、生命起源和地质演化的秘密，也蕴藏着取之不尽的水产资源，以及各种价值连城的未知宝藏。

　　自古以来，人类就对广袤无垠的神秘海洋充满了好奇。

　　从不携带任何装备自由下潜，到发明各种深海潜水器，为了到达更深的海底，人类付出了巨大的努力和牺牲。

　　幽深的海底，究竟蕴藏着怎样的秘密？

　　接下来就带领大家一起，跟随先人的脚步，探索神秘莫测的深海秘境。

# 中国古代的潜水活动

从古至今，人类一直都对神秘的大海充满了好奇，为了探索汪洋深海的秘密，人类不断尝试潜入更深的海底。

而在古代，人类并没有现代化的潜水装备，往往只能凭借着憋住一口气，尽可能地潜入更深的水底。今天，在东南亚、日本和韩国等地，依然还保留着海女[1]采珠的古老潜水活动。

在我们中国的古代，也有类似的潜水活动，在《尚书·禹贡》[2]中就有这样的记载：

"厥筐玄纁，玑组。"孔安国传："此州染玄纁色善，故贡之。玑，

---

1 海女：一项古老的职业，指不戴辅助呼吸装置，只身潜入海底捕捞龙虾、扇贝、鲍鱼、海螺等海产品的女性。在日本、韩国等地均有这一职业。

2《尚书·禹贡》：作者不详，著作时代约在战国时。它用自然分区方法记述当时的地理情况，把全国分为九州，假托为夏禹治水以后的行政区制度。它是我国最早最有价值的地理著作。

珠类，生于水。组，绶类。"

由此可见，早在没有文字记述的年代，在我们这片土地上生活的先民们，就已经尝试着潜入江河湖海当中，去探寻各种各样的宝物了。

甚至在中国的文字体系当中，也有专门代表"潜水"的汉字，那就是"游泳"的"泳"字。现在大家都习惯于把"游泳"视为一个词，事实上，在《诗经》中，"游"和"泳"是两个独立的词。

在《诗经·邶风·谷风》[1]当中，就有这样的话："就其深矣，方之舟之。就其浅矣，泳之游之。"

其意思是：到了水深的地方，就划船；到了水浅的地方，就泳或游。

"泳之"和"游之"是两回事。憋住一口气，潜入水底，被称为"泳"；而在水面浮水，则被称为"游"。

在后世的史书中，我们也能找到有关潜水的故事，比如在《史记》中就写过，秦始皇希望能够在泗水当中打捞出周王室遗弃的宝鼎，因此派出了一千多个善于潜水的人，潜入水下去打捞宝鼎。

可见，生活在几千年前的古人，就已经能够在没有任何装备的情况下，潜入深深的水下自如行动，甚至能够在水中睁眼视物。

甚至在《续资治通鉴》当中，还记录了一个派擅长潜水的人当间谍的故事：

---

1《诗经·邶风·谷风》：中国文学史上第一部诗歌总集《诗经》中的一首弃妇诗。此诗描写的是弃妇斥责丈夫的无情并申诉自己的怨愤，反映了古代妇女的悲惨遭遇，表现的不是崇高壮烈之美，而是凄楚哀婉之美，因而具有更广泛的现实性。

有杨茂者，无锡莫天佑部将也，善没水。

天佑潜令入苏州与士诚相闻，逻卒获之于阊门水栅旁，送达军，达释而用之。

时苏州城坚不可破，天佑又阻兵无锡，为士诚声援。

达因纵茂出入往来，因得其彼此所遗蜡丸书，悉知士诚，天佑虚实，而攻围之计益备。

据说，有一个叫杨茂的人，他是无锡莫天佑的部将，杨茂极其擅长潜水。莫天佑派杨茂顺着阊门旁边的一座水闸门潜入苏州城，去见一个名叫张士诚的人。

结果杨茂运气很不好，被巡逻的卫兵抓住了，送到了徐达面前。没想到徐达非但没有惩罚杨茂，反而很欣赏杨茂的潜水才能，将他留在了自己麾下，为己所用。

之后，徐达使用了反间计，让杨茂继续去替莫天佑给张士诚传递信息，出于防水考虑，这份信息被封在了蜡制的蜡丸中。殊不知，蜡丸中的重要情报早已被徐达掌握在手中。由于事先掌握了敌人的信息和动向，徐达最终赢得了这场战争。

由此可见，早在中国古代，人们就已经很重视潜水人才了。

# 水下闭气 8 分钟

虽然经过一定的训练，人类可以潜入水下很长时间，但人类的身体和呼吸系统，毕竟还是无法承受无极限的水下深潜。

不过，人类总有一种挑战自我的本能，所以就诞生了自由潜水这项运动。

自由潜水是指不携带氧气瓶，只通过自身肺活量调节呼吸，屏气潜入水中的运动，这是人类挑战自身潜能，和大海亲密接触的一项极限运动。

我国著名自由潜水运动员陆文捷[1]拥有三项亚洲自由潜水纪录，27次打破国家纪录，并且，她也是第一个在世界顶级自由潜水竞赛中夺得金牌的中国人。在不携带任何装备的情况下，陆文捷可以在水下闭气超过 8 分钟！

没有任何设备支持的自由潜水，如今已经发展成了一项成熟的极限竞技项目，那么，在科技并不发达的古时候，人们在潜水作业的时候，

---

1 陆文捷：PFI（全称为 Performance Freediving International，国际自由潜水）亚洲区总教练，中国自由潜水全六项国家纪录，18 次国家纪录创造者。

又是什么样子的呢?

古人潜水可不是为了体育竞技，更不是为了看风景。在古代，人们潜水主要是迫于生计，目的是获取江河湖海中的水产资源，或是打捞沉船等。

《天工开物》[1]中记载了古人潜水打捞的情景，根据描写，当时的潜水员的穿着打扮，跟我们今天的潜水装备，已经有一些接近了，而且也需要多人合作来共同完成。在波涛起伏的海面之上，有一艘大船，大船上面有一群人正在焦急地等待着水下的潜水员。而在水下作业的潜水员，用一根长长的绳子绑在腰间，口鼻处则罩着一根长长的呼吸管，正是靠着这根呼吸管，潜水员才能完成在水下的呼吸活动。

在古代，潜水是一件极具风险的活动，哪怕到了今天，也同样如此。

# 欧洲的潜水钟

很多欧洲国家也有广阔的海岸线及海域面积，拥有非常丰富的海洋

---

1《天工开物》：世界上第一部关于农业和手工业生产的综合性著作，是中国古代一部综合性的科学技术著作，作者是明朝科学家宋应星。这部书被誉为"中国17世纪的工艺百科全书"。

资源。那么，古代的欧洲人是怎样获取这些海洋资源的呢？

跟中国古人不同，欧洲人发明了一种现在看起来很原始，但是很好用的潜水装置——潜水钟。

欧洲人发明潜水钟的目的，就是捞取海洋中的珍宝，也有人把潜水钟当作观光潜艇来使用，比如赫赫有名的亚历山大大帝，就曾经使用潜水钟在海洋中进行了一番游览和观察。

但是不知道为什么，当时的画师把亚历山大大帝乘坐的潜水钟，画成了一个透明的大玻璃球。公元前4世纪的时候，以人类的技术是不可能铸造出这么完美的玻璃球体的，就算能造出这样的空心玻璃球，它也无法抵御海水的压力而不爆裂。

估计这幅画只是中世纪的画师听说了亚历山大大帝乘坐潜水钟的故事后，发挥自己的想象力创作而成的。

那么，真正的潜水钟是什么样子的呢？

潜水钟，顾名思义，就是能够帮助人们潜水的钟形容器。潜水钟在使用的时候，是倒扣进水中的，就像一只倒扣进水中的玻璃杯。

当我们将杯子倒扣进水中，在压力的作用下，水不可能将玻璃杯完全浸满，在杯子的上半截，会保留出一截存有空气的空间。欧洲人正是利用这个原理，打造出了能让人在水下呼吸的潜水工具——潜水钟。

为了保证潜水钟在水中能够保持平稳，它的边缘通常会用绳子拴上一些铁球，以保证它在水中不会来回摆动。虽然潜水钟的构造非常简单，却已经是古代的欧洲人能够想到的最好的潜水辅助装备了，它就相当于为潜水员在水下打造了一个安全气囊，让他们有了一个可以在水下进行呼吸的场所。

1717 年，由英国天文学家埃德蒙·哈雷[1]发明的潜水钟，被认为是世界上第一只有实用价值的潜水钟。

它的主体构造是一个锥形的空木桶，桶的外壁包着一层铅，或是其他金属，目的就是让桶身更坚固；桶身下面系着一些重物，以确保桶身在水中能够平稳地垂直下降；在潜水员的头部，还设置了一个由呼吸管连接的玻璃罩，也就是一个小号的潜水钟，可以让潜水员离开潜水钟的主体木桶，在水下更为自由地进行探索活动。除此之外，它还配备了保险装置，一旦潜水钟内部的空气用完了，又无法将它升到水面，就可以乘坐悬挂在钟体一侧的小筐，返回水面。

总之，哈雷发明的潜水钟，比以前的潜水钟更为先进。据说，设计者本人埃德蒙·哈雷亲自试用了这个潜水钟，成功潜至水下 18 米。不过，埃德蒙·哈雷也受到了水压的影响，流了鼻血，耳朵的鼓膜也出现了问题。

也就是说，就算是更为先进的潜水钟，也无法满足人们对于探索海洋更深处的需求。

---

1 埃德蒙·哈雷（1656—1742）：英国天文学家、地球物理学家、数学家、气象学家，格林尼治天文台第二任台长。他把牛顿定律应用到彗星运动上，并正确预言了那颗现在被称为哈雷的彗星做回归运动的事实。

# 达·芬奇的水肺雏形

欧洲人发明的潜水钟，虽然能够有效地为水下作业的潜水员提供空气，但依然有很多不足之处：比如它的体形过于庞大，使用起来极为不便，更重要的是，它的安全性不够好。

人类潜入海洋的深处，本身就是一件极为冒险的活动，该如何让人类的潜水活动变得更安全呢？这是全人类都在苦苦思索的问题。

赫赫有名的天才画家——达·芬奇也对此进行过一番思考。

达·芬奇真是人类历史上的一位奇才，他不仅在美术艺术史上堪称天才，在现代科学领域也有极深的造诣，在他绘制的草图里，竟然有很多坦克和飞机等现代机械的雏形，简直就是一个黑科技达人。在达·芬奇绘制的众多机械草图中，就有潜水装置。

1490 年前后，达·芬奇沉迷于潜水装置的研究，在他的绘图手稿中，有一张关于潜水呼吸管的图纸，非常引人注目。

不过，达·芬奇绘制的这套潜水装置，并没有公之于世，而是作为一份机密资料被保管了起来，直到很久以后才被世人发现。

在这张图纸中，达·芬奇设计了一种可以让人漂浮在水中的装备，人的身上配有钢圈，可以使人体免受水的挤压，还有全套的潜水服，最重要的是还配置了呼吸管。总之，这套潜水装备跟今天的潜水服有很多相似之处，令人不得不佩服达·芬奇的智慧，他居然在 500 多年前就想到了如此现代化的潜水装备。

虽然在达·芬奇生活的年代，人们并没有将这套潜水装备付诸实践，但到了今天，仍然有很多人把达·芬奇的设计视为水肺（简易的潜水装备）的雏形。

# 空气泵和现代水肺

1771 年，一位名叫约翰·斯梅顿的英国工程师发明了一种空气泵，可以通过一根软管连接到潜水钟上，只要有人在水面上不停地摇动滚轴，就可以把空气源源不断地输送到潜水钟中。

空气泵虽然很笨重，只能在大船上使用，但是在当时已经是一个非常了不得的发明了。大家都知道，人若想在水下活动，最大的难题就是呼吸，而呼吸就必须有空气。空气泵解决了人在水下呼吸的空气来源问题，它可以让潜水员没有时间限制地在水下活动，所以，空气泵被人类使用了很长时间。

一直到 20 世纪，在埃尔热先生绘制的漫画《丁丁历险记》中，当主人公丁丁穿上潜水服，潜到大洋深处时，留在船上的人就在呼哧呼哧地摇动空气泵，为潜水的丁丁提供源源不断的空气。

　　不过，空气泵的使用也存在很大的限制，比如必须有一根管子与船体连接，并且船上必须有一个人不停地摇动空气泵，如果呼吸管发生了缠绕和打结，或是船上的人偷懒或其他原因不能摇动空气泵，就会给水下的潜水员带来很大的麻烦，甚至是致命的危险。

　　因此，即便有了空气泵，人们还是迫切希望进一步提升潜水的安全性，以及能够让潜水人员在水下的活动更加自由。

　　于是，在空气泵发明问世后不久，法国的一位发明家又设计出了一种小型装置，这个装置可以解除对潜水员的束缚，让他们在水下更为自由地活动。

　　这个装置的核心就是两根管子，一根是用来吸气的，另一根则是用来呼气的。

　　相比于现在的水嘴等装备，这两根呼吸管实在是有点落后，但在几百年前，这绝对是一个了不起的发明，它使得潜水钟成了一种真正意义上的封闭式、可再循环的呼吸装置，距离日后成熟的水肺，基本只有一步之遥了！

　　提到现代水肺，就不得不提到一位很著名的人物——"潜水之父"雅克·库斯托[1]，正是他完善并发明了现代水肺。

----

1 雅克·库斯托（1910—1997）：法国海军军官、探险家、生态学家、电影制片人、摄影家、作家、海洋及海洋生物研究者、法兰西科学院院士。1943 年，库斯托与埃米尔·加尼昂共同发明了水肺。

雅克·库斯托是历史上最著名的潜水员，我们中国人习惯在各行各业都树立一位祖师爷，雅克·库斯托绝对称得上是潜水业的祖师爷。

在尚且没有掌握现代化技术的年代，人类能够想到的潜水装备有潜水钟、空气泵，还有呼吸管，这一整套装备体积庞大，重量惊人，使用起来实在是太不方便了。

雅克·库斯托完善并改良了封闭式再循环呼吸装置，设计出了和循环呼吸系统相结合的高压气瓶。水肺系统发展到今天，已经有了不少的改进，从单瓶发展到双瓶，从呼吸管发展到全面罩，以及各种呼吸方式，这一切都是基于库斯托的研究基础之上的。

# 可怕的水压

人们潜水的目的，可不仅仅是观光、打卡和拍照，更重要的是要完成对海底的探测，对失事船只的救捞，以及其他的重要工作。

而如果想要下潜到更深的海底，仅仅依靠普通的潜水服是不足以对抗水下的巨大压力的，所以就有了工程潜水服的出现。

水的压力到底有多大，究竟有多可怕？

1648年，法国著名科学家布莱瑟·帕斯卡[1]做了一个著名的裂桶实验：

帕斯卡找来一个密闭的装满水的桶，在桶盖上插入一根细长的管子，从楼房的阳台上向细管子里灌水。

结果只用了几杯水，就把桶压裂了，桶里的水从裂缝中流了出来。

由于细管子的容积较小，几杯水灌进去，其深度很大，使压强增大，便将桶压裂了。

通过简单的实验，我们可以充分体会到，海底巨大的压力有多么可怕！

所以，人们才设计出了所谓的工程潜水服，以对抗危险的水压。但是，工程潜水服也无法将人类安全地送往更深的海底。

如何才能让人类抵达海洋的更深处呢？渐渐地，有人想到，我们是不是可以打造出能够在水下航行的机器，让人类在机器的保护下，继续向深海前进呢？

在法国科幻作家儒勒·凡尔纳[2]著名的科幻小说《海底两万里》[3]中，

---

1 布莱瑟·帕斯卡（1623—1662）：法国数学家、物理学家、哲学家、散文家。代表作有《论算术三角形》《思想录》等。

2 儒勒·凡尔纳（1828—1905）：法国小说家、剧作家及诗人。凡尔纳的文学创作事业取得了巨大成功，代表作为"海洋三部曲"《格兰特船长的儿女》《海底两万里》和《神秘岛》。

3《海底两万里》：法国作家儒勒·凡尔纳创作的长篇小说，讲述了博物学家阿龙纳斯、仆人康塞尔和鱼叉手尼德·兰一起追随"鹦鹉螺"号潜艇船长尼莫周游海底的故事。

183

主人公尼莫船长就是驾驶着一艘名为"鹦鹉螺"号的潜水器，潜入深海的。"鹦鹉螺"号应该就是当时人类最期待的理想潜水器了。

再往前回溯，亚历山大大帝乘坐的那个玻璃球体潜水钟，其实也是一种人们想象中的深海潜水器的雏形。事实上，一直到今天，潜水器的主要外形，依然是球体的。

在所有同样体积的形状里，球形的重量是最轻的，用料也是最少的，它的表面可以均匀地承受压力，在水下可以更好地对抗来自四面八方的压力。

# 第一艘深海载人潜水器

那么，世界上第一艘深海载人潜水器是什么样子的呢？它的第一次下潜，又有着怎样惊险的故事呢？

1934 年，美国人威廉姆·毕比和奥迪斯·巴顿共同设计制造出了世界上第一艘深海载人潜水器，这也是世界上公认的第一个载人潜水球！

这个潜水球并不是特别大，它的内直径大概只有 1.5 米，重量为 2.5 吨，并且它没有任何动力装置，只能是先把它放到船上，运输到预定海域后，再用钢缆将它放入海中。

威廉姆·毕比和奥迪斯·巴顿乘坐在潜水球中，开始了他们的第一次下潜。

他们的准备是相当充分的，考虑到了很多可能发生的状况，比如他们特意随身携带了几把扇子。

为什么要携带扇子呢？因为在封闭的球体中，空气不会主动流动，如果长期生活在这样的环境中，二氧化碳就会聚集在人体周围，导致人缺氧窒息。由于潜水球内空间有限，无法容纳下鼓风机，威廉姆·毕比和奥迪斯·巴顿便通过手摇扇子的方式，让球内的空气保持流动。

当下潜到一定深度的时候，他们紧张地发现，垂吊潜水球的钢缆发出了不堪负荷的崩裂声，如果钢缆折断，没有任何动力设备的潜水球就会彻底坠入深海，后果将不堪设想！

于是，船上的工作人员赶紧把潜水球拉回了海面。

钢缆为什么会濒临崩断呢？是因为潜水球的重量太大了吗？不，仅有 2.5 吨重的潜水球并不足以崩断钢缆，导致钢缆不堪负荷的真正原因，是钢缆自身的重量！

当时，威廉姆·毕比和奥迪斯·巴顿所在的潜水球，已经沉到了接近水下 1000 米的深度，也就是说，钢缆也垂下了 1000 米的长度，钢缆的自重已经远远超出了潜水球的重量。

正是因为这样，这次深海下潜不得不中止。

不过，潜入水下 1000 米，已经是当时人类所能下潜到的最深深度了。在水下 1000 米，威廉姆·毕比和奥迪斯·巴顿看到了什么不可思议的东西呢？

早在 19 世纪三四十年代，就曾有人预言过，由于海水的压力太大，在水下 500 米之下，不可能再有生物生存。

然而，别说水下 500 米，当威廉姆·毕比和奥迪斯·巴顿潜入水下 1000 米时，透过潜水球的舷窗，他们依然能够看到深海生物活动的迹象！

天哪，原来前人说错了，在这么深的水下，居然有生命存在！

那一年是 1934 年，威廉姆·毕比和奥迪斯·巴顿二人最终下潜的深度为 923 米，这个不足 1000 的数字向后世传达着一个讯息：在超过这个深度的海洋深处，是否还有生命存在呢？

# 鬼才科学家奥古斯特·皮卡德

现如今，世界各国越发重视起海洋资源的探测，纷纷加大了相关设备的研制。短短几十年时间，人类开发出了更多深海潜水器，探测的深度也越来越深。

不过，大家知道吗？如果想要成为一位乘坐着潜水器深入海洋的潜航员，你要通过的第一关测试是什么？

不是深奥的科学知识，不是晦涩的操作技巧，而是心理素质。

在狭小的深潜器中，潜航员要对抗的第一个敌人，其实恰恰是自己！在黑暗而幽深的水下，潜航员要承受幽闭的环境、内心的孤独和人类对深海的恐惧，这可不是仅凭勇气就能达成的。要想成为一名合格的潜航员，可是一件很不容易的事情呢！

在威廉姆·毕比和奥迪斯·巴顿后，不断有人试图去挑战他们的下潜纪录。与此同时，人类的潜水器也变得越来越先进。

赫赫有名的"的里雅斯特"号的诞生，又是人类深潜史上的一段传奇。

"的里雅斯特"号的创造者是瑞士人奥古斯特·皮卡德。

奥古斯特·皮卡德是人类科技史上的又一位鬼才，他是一位气象学家，主要研究大气成分及宇宙射线，曾跟爱因斯坦展开过合作。

他的动手能力极强，经常会自己主动设计和制造机械装置。他曾乘坐自己设计的热气球进行高空观测，还创下了当时的热气球飞行高度纪录。

不过，这一切都不足以让他名垂青史，真正让他被后世永久纪念的，还是他利用自己在热气球设计和驾驶方面的经验，设计而成的"的里雅斯特"号。

其实，在"的里雅斯特"号之前的那些潜水器和潜水球，并不能称为真正意义上的潜水器，因为它们本身没有自主动力，在海水中的下沉和上浮，都要靠钢缆来运作完成，从严格意义上讲，潜水球只是一个密封的球体而已。

而"的里雅斯特"号实现了自主下沉和上浮，这使得它成了人类历史上第一个真正意义上的潜水器。

# 海底一万米

　　"的里雅斯特"号上方设有一个巨大的储油箱，里面装着满满的汽油。这个巨大的储油箱就相当于一个鱼鳔，可以通过调节储油量，使得"的里雅斯特"号自主地上浮或下沉。

　　因为汽油比水轻，所以储油箱能够为潜水器提供返回海面的足够浮力。那么"的里雅斯特"号又是怎么下沉的呢？在储油箱下方的两个桶内，装满了几吨重的钢珠。桶口是用电磁铁密封起来的，由于钢珠的重量，"的里雅斯特"号入水后就可以缓缓地自行下沉了。

　　在下沉的过程中，如果需要悬浮，只要切断控制磁体作用的电流，桶门就会打开，释放出一定数量的钢珠，使舱体达到平衡，悬浮在海水中。

　　当完成下潜作业后，需要上浮的时候，再释放掉一部分钢珠，令潜水器的重量轻于水，它就可以自行完成上浮的动作了。

　　在"的里雅斯特"号的载人舱上，不仅设有观察窗，还安装了维持生命系统的设备，比如氧气瓶，还有过氧化氢、氢氧化钠类药物，以确保舱内人员不会因为缺氧而发生危险。

由于受到第二次世界大战的影响，"的里雅斯特"号的设计和制造经过了很长的时间，直到 1958 年才制造完工。

"的里雅斯特"号甫一问世，就立即引起了美国海军的重视。据说，美国海军重金买下了"的里雅斯特"号，并且还专门为此成立了一个项目，要下潜到海底最深处。

1960 年 1 月 23 日，奥古斯特·皮卡德的儿子雅克·皮卡德和美国海军军官唐·沃尔什乘坐着"的里雅斯特"号，抵达了海底 10 916 米处，这是人类迄今为止最深的下潜纪录，这个纪录至今都没有被打破。

# 中国"蛟龙"号

"的里雅斯特"号虽然创造了人类的深潜纪录，但以今天的眼光来看，它还是存在着太多的不足。

首先，它的行动能力过于简单。虽然它不依靠钢缆就可以完成自主的上浮、下潜，但是这只局限在垂直领域，它就相当于一部水下电梯，并不能向更广阔的领域中横向延伸，这就是它最大的不足。

其次，它的成本过高。由于它的重量太大，重达 150 吨，很少有船只的甲板能承受得住这样的庞然大物，所以只能将它像拖船一样拖在船后，而它又极其脆弱，在运输途中，稍微大一点的风浪，就会将它的设备损坏。

当时，美国军方在把它从美国本土拖到马里亚纳海沟的时候，潜水器上就有很多设备出现了损坏，因此，在使用它正式下潜之前，还得先投入人力、财力和时间把它修好，修好之后还要进行检测，这样才能够放心使用。

如此高的使用成本，导致"的里雅斯特"号的实用价值很低。

到了20世纪五六十年代，由于固体浮力材料的出现，各国终于都制造出了更加小巧而灵活，功能也更强大的载人深潜器。

随后，美国拥有了"阿尔文"号，俄罗斯有了"和平一号"和"和平二号"，日本有了"深海6500"号，这些都被称为第二代载人深潜器。

中国的第二代载人深潜器，就是大家熟知的"蛟龙"号。

我国的"蛟龙"号不仅仅是一台能够把人输送到海底的仪器，更重要的是，它能够在海底完成大量的科学考察和观测任务：探测海底的水文情况、海底的地形情况、海底的锰结核分布情况、海底热液口的生物聚集情况等，"蛟龙"号都可以做到相应的数据收集。

与此同时，"蛟龙"号机械臂的灵活程度，也是其他深潜器难以达到的。

在科学探索的路上，每一小步前进，都伴随着无数的难题和挑战。我国成功研制的7000米级载人深潜器"蛟龙"号，下潜的最深深度为7062米，创造了世界同级别作业型载人深潜器的最深纪录！

而"深海勇士"号载人深潜器，则是在"蛟龙"号的研制与应用的基础上，历经8年的艰苦攻关，建造而成的中国第二艘深海载人深潜器。

作为大名鼎鼎的"蛟龙"号的进化版，"深海勇士"号载人深潜器性能优良，其浮力材料、深海锂电池、机械臂，都是我国自主研发而成，国产率达到了 95% 以上。

我国的科学家们无论是在核心技术领域，还是在关键部件的自主创新方面，都为探索深海做出了无数次尝试和技术创新。

# "海斗"与"潜龙"

如今，人类越来越接近海洋的深处，但是我们发现，自己需要了解的问题反而越来越多了。

在人类还不能亲自下得更深、跑得更远的情况下，就更加依赖潜水器了，尤其是新型潜水器，只有它们才能够帮助人类更好地探索大洋深处。

所以，现在各个国家都在深海研究领域推出了大批的水下机器人，我们国家也是如此。

目前中国拥有多艘科学考察船，而在科学考察船上，我们装备了不同类型的水下探索机器人，以及水下探索型潜航器。它们长相不同，形态各异，功能也各不相同，正是因为它们拥有不同的本领，才能够帮助我们更好地探索大洋深处的奥秘，协助科学家们去完成不同项目的科考工作。

2016 年，在我国第一次综合性万米深渊科考活动期间，"海斗"号最大潜深达 10 767 米，成为我国首台下潜深度超过万米，并完成科考应用的水下机器人。

2018 年，"海斗"号在我国第三次万米深渊综合科学考察中，最大深度达到 10 905 米，成功完成了深渊探测的科考任务。

"海斗"号，它是一款具有自主和遥控作业模式的水下机器人。所谓自主，就是它有自己的判断能力，可以根据自己所搭载的传感器和设备，判断外界环境对它是否会产生潜在的危险，它会根据自己的判断，做出应该有的自我安全保障。

"海斗"号水下机器人，在我国首次万米深渊科考航次中，累计下潜 7 次，成功进行了一次 8 千米级、两次 9 千米级和两次万米级下潜应用。

"海斗"号完全经受住了海底万米深度的巨大压力。

"潜龙二号"，是在"十二五"国家 863 计划下，由中国大洋矿产资源研究开发协会办公室牵头，中国科学院沈阳自动化研究所作为技术总体单位，联合国家海洋局第二海洋研究所（今自然资源部第二海洋研究所）共同研制的。

它主体长 3.5 米，高 1.3 米，宽 0.7 米，重 1.5 吨，可以在深海自主航行。

"潜龙二号"的外形看起来有点萌萌的，就像是一条大黄鱼。之所以将它设计成鱼形，主要是为了适应海洋中复杂的地形环境，让它可以像鱼一样自如地在水下翻山越岭，便于水面回收，减少垂直面的阻力，增强水下航行能力。

历时 5 年时间，"潜龙二号"完成了从一个概念到一个经过验证的高精度、高智能的深海机器人的转变。

2017 年，"潜龙二号"再次赴西南印度洋开展调查工作，这一次，它下潜了 8 次，探测面积达 160 平方千米。

2018 年，"潜龙二号"无人潜水器成功完成了第 50 次下潜，创下我国深海自主水下机器人下潜次数的新纪录。

在大洋 49 航次科考任务中，"潜龙二号"表现出了良好的工作稳定性和对深海复杂地形的适应能力，现已下潜 11 次，航行 654 千米。

"潜龙二号"在西南印度洋连续 3 年累积航程已超过 2000 千米，成果傲人。

我们期待在不久的将来，中国的第三代载人潜水器能够顺利入水，同时我们也相信，人类的未来在海洋中，而我们国家，一定会走在世界的前列！

# 结　语

今天，我们一同回顾了人类探索海洋的历史，从科学的角度来看，这也是人类认识压力，并利用科学和技术打破水压、探寻大洋深处奥秘的历史。

千百年来，人类探索海洋的脚步其实走得并不快。但是，在近 100 年间，人类的成果有了质的飞跃。未来，人类将会加速探索海洋。

千百年来，人类对于海洋，对于深海，始终保有着强烈的好奇心。在探索深海的路上，虽然充满了崎岖与坎坷，但是凭借一代又一代人的勇气和智慧，以及无数人的不懈努力，我们对于深海的了解越来越充分，为人类探索生命起源等问题，提供了越来越多的助力。

未来，人类必将走向海底的更深处，探索更多的秘密！

# 第三章

# 保卫身体篇

———

**人类如何攻克疟疾**

从无药可治到主动抗击，在对抗疟疾的道路上，人类到底经历了怎样的艰辛？

**人类如何打败细菌**

从发现细菌到认识到细菌与人类疾病的关系，再到研究抗生素对抗细菌，在对抗细菌的路上，人类虽然不断走弯路，但从未放弃。

**人类如何战胜天花**

你知道吗？大约在1万年前，天花病毒就出现在地球上了，这种极古老、传染性极强、死亡率极高的病毒，是如何被人类击败的呢？

# NO. 7 人类如何攻克疟疾

大家一定都听说过"疟疾"吧？

对今天的人来说，疟疾已经不算是什么可怕的疾病了，说不定很多人还会觉得，疟疾只是一种在偏远落后地区才会滋生的疾病，离自己非常遥远。

可能很少有人知道，在相当长的人类历史时期里，疟疾曾经是最为凶险的流行性传染病，是人类最可怕的敌人之一。哪怕到了今天，很多国家和地区的人依然在跟疟疾进行着艰苦卓绝的斗争。

甚至可以毫不夸张地说，疟疾改变了人类历史的前进方向！

疟疾，这种古老的传染病，为什么直到今天依然没能被完全消灭？

治疗疟疾的药物，为什么总是轻易地就能被疟原虫识别出来？

从无药可治到主动抗击，在对抗疟疾的道路上，人类到底经历了怎样的艰辛？

接下来，就让我们一起来了解一下人类和疟疾之间的"战争史"吧！

# 恐怖的"打摆子"

大家知道"打摆子"是什么意思吗?

怎么样,是不是回答不上来?其实,"打摆子"就是中国南方地区的老百姓对患疟疾的一种民间叫法。

疟疾发作的时候,病人先是冷得发抖、打寒战,随后还会出现高热症状,身体会因虚弱而摇摆不定,就像在来回打摆子的时钟钟摆一样。

用"打摆子"来描述疟疾,听起来好像挺形象,也挺有趣,可事实上,感染上疟疾可绝对不是一件有趣的事,甚至可以用恐怖来形容。

直到今天,全球每年依然会有无数人的生命被疟疾这个病魔无情地夺走。

根据世界卫生组织《2018年世界疟疾报告》的统计,仅2017年一年,全球就发现了2.19亿疟疾病例,与之相比,2010年的疟疾病例数字是2.39亿,2015年为2.12亿,2016年为2.17亿。

虽然2017年的疟疾病例比2010年减少了2000万例,但2015—2017年的统计数据依然表明,这期间人类在减少全球疟疾病例的战斗中,并没有取得突破性的胜利。

在人类与疟疾争夺生命的这场战役里，非洲是情况最为严酷的重灾区，非洲感染疟疾的病例数约占全世界疟疾病例和死亡总数的90%。仅在坦桑尼亚[1]地区，每年就有6万~8万人因感染疟疾而死亡，而且死亡病例中绝大多数是5岁以下的儿童！

由此可见，今天的人类依然不能对疟疾掉以轻心。

疟疾，依然是足以威胁人类生命的最为可怕的顽疾之一！

# 古罗马[2]的"坏空气"

2011年，考古学家在意大利发现了一座极为罕见的古罗马时期儿童墓葬群。

在考古挖掘的过程中，墓葬群中的几具不同寻常的儿童骸骨引起了考古学家的注意。

---

1 坦桑尼亚：全称坦桑尼亚联合共和国，它是古人类发源地之一，位于非洲东部、赤道以南，是世界上最不发达的国家之一。

2 古罗马：指从公元前9世纪初在意大利半岛中部兴起的文明，先后经历罗马王政时代（前750—前509）、罗马共和国（前509—前27）和罗马帝国（前27—476）三个阶段。

其中一具骸骨并不是以脸朝上的方式平躺在墓穴中的，而是以两腿弯曲的姿势、蜷缩着侧躺在墓穴中的；还有一具骸骨，嘴巴以不可思议的角度大大地张开着，口中还被塞入了一块石头。

这两具儿童骸骨的下葬方式真是太匪夷所思了，这完全不符合入土为安的土葬风俗啊！

看到这里，想必你的脑袋里也一定充满了问号吧——到底是出于什么样的原因，会有这么多孩子死去呢？生活在古罗马时期的人们，又为何要以这么奇特的方式，去埋葬这些死去的孩子呢？这里面究竟隐藏着怎样不为人知的秘密呢？

别着急，这些谜团可难不倒聪明又细致的考古学家。

伴随着考古学家的深入挖掘和科学研究，真相逐渐浮出了水面——通过基因比对和对骸骨牙槽上囊肿痕迹的鉴定，考古学家确认了导致这些孩子死亡的原因——没错，正是疟疾！

可想而知，在古罗马时期，这个地区暴发了一场大规模的传染性疟疾，大量的儿童因感染疟疾而不幸死亡，他们骸骨牙槽上的囊肿，正是疟疾患者的常见症状之一。

在当时，疟疾是一种无药可医的绝症，面对罹患疟疾的孩子，他们的父母束手无策，只能采用一些我们现代人所无法理解的祛病方式，去试图挽救孩子的生命。

而在孩子最终被疟疾夺走生命后，将他们的身体侧躺着摆放在墓穴中，并在他们的口中放入石头，正是古罗马人的祛病仪式和安葬死者的风俗。

领教过疟疾威力的古罗马人，努力想要去解开这种疾病的谜团：为什么人类会得上这么可怕的疾病？是因为人们做错了什么，招致了天谴吗？

后来，有一些聪明的古罗马人通过观察和思考，逐渐意识到，疟疾并不是上天对人类的惩罚，而是因为人类的居住环境不够干净。

在当时的古罗马，由于城市的排水系统不够先进，城内经常污水横流，城市的周围也遍布散发着瘟疫气体的臭水沟，正是这些不洁的污水所产生的不洁的空气，导致了瘟疫横行。

古罗马人认为，疟疾的传播就是由这些"坏空气"造成的。

值得注意的是，"疟疾"这个词的英文单词"malaria"，正是从古罗马的"坏空气"（mal aria）这个词转化而来的。

古罗马人民为了预防疟疾，会尽量地远离发臭的"坏空气"，也会有意识地在闻到"坏空气"的时候遮住口鼻。

然而，这并不能有效地预防疟疾，对于已经感染了疟疾的人，等待他们的依然是死亡。

# 但丁、鲁滨孙和《谴疟鬼》

自古以来，饥荒、瘟疫和战争都给人类带来了巨大的灾难，其中瘟疫的危害是最为严重的。

而疟疾，无疑便是一种极为可怕的瘟疫。

不仅古罗马人谈疟疾色变，一直到中世纪，欧洲人依然深受疟疾的困扰。

不知道大家有没有读过但丁的《神曲》[1]？在这部著名的长篇史诗中，作者跟地狱、炼狱以及天堂里的各种著名人物，展开了一次次极有深度的对话。

在《神曲》中，就有关于疟疾的记录：

犹如患三日疟的人临近寒战发作时，

指甲已经发白，

只要一看阴凉儿，就浑身打战，

我听到他对我说的话时，就变得这样；

…………

由此可见，在但丁生活的年代，人类将疟疾视为一种极其可怕的、像地狱一样残酷的疾病。

据传闻，《神曲》的作者但丁本人就是死于疟疾。

英国著名的医学史家卡特赖特和历史学家迈克尔·比迪斯合著的一本著作《疾病改变历史》中这样写道：

在公元前1世纪，一种异常危险的疟疾似乎在罗马附近的低湿地区流行，并在公元79年维苏威火山喷发后不久造成大流行……整个地区都

---

1《神曲》：意大利诗人但丁·阿利吉耶里（1265—1321）在1307—1321年间创作的史诗，长达14 000余行。作者通过与地狱、炼狱以及天堂中各种著名人物的对话，反映出中古文化领域的成就和重大问题。

被抛荒，成为名声不佳的疟疾流行区，直到 19 世纪末情况才有所改观。

疟疾，一度成为古代人类最避之不及的恐怖阴影。

看到这里，想必你一定很好奇，既然疟疾如此可怕，那么得了疟疾的病人到底会体验到怎样痛苦的感受呢？

其实这并不神秘，在欧洲的一本大名鼎鼎的文学作品里，就有人类感染疟疾后的详细记录，这本书大家一定不陌生，它就是《鲁滨孙漂流记》。

书中的主人公鲁滨孙，在流落荒岛后，不幸感染了疟疾，他是这样记录自己的痛苦感受的：

6 月 20 日——整夜没有安宁，头很痛，发热。

…………

6 月 23 日——病又重了，身上发冷发抖，继之而来的是剧烈的头痛。

…………

6 月 25 日——很凶的疟疾。继续了七小时，时冷时热，最后才出了一点汗。

…………

6 月 27 日——疟疾又发得很凶，在床上躺了一整天，也没吃，也没喝。口里干得要命，但是因为身子非常软，竟没有力气起来弄点水喝。又祈祷上帝，但是头很昏，等头昏过去了，心中又想不出要说什么好；只是躺在床上，连声地喊："上帝，保佑我吧！上帝，可怜我吧！上帝，救救我吧！"这样喊了两三小时，寒热渐退，我才昏昏睡去，一直睡到半夜才醒……

在那个时代，无论是在中国还是在欧洲，人们都生活在疟疾的恐怖阴影之下，人一旦得了疟疾，就等于被死神下了死亡判决书，极少有人能从疟疾的魔爪下生还。

古代的中国人，甚至一度将疟疾当成一种鬼神，并给它取名为"疟鬼"。

著名的文学家、思想家韩愈[1]，就曾写过一首名叫《谴疟鬼》的诗：

医师加百毒，熏灌无停机。灸师施艾炷，酷若猎火围。

诅师毒口牙，舌作霹雳飞。符师弄刀笔，丹墨交横挥。

这首诗所写的内容，正是中国古人治疗疟疾的方法，过程如下：

先通过"以毒攻毒"的方法，给病人灌下大量的汤药。

再由针灸师用滚烫的艾炷为病人进行艾灸[2]治疗。

如果以上两种方法都不管用，就要诅师出马了，使用口灿莲花的方式去诅咒和喝退疟鬼。

如果还是不管用，便要请来符师。所谓符师，就是用朱砂和墨汁在纸上写符文，希望能借助这样的方式喝退疟鬼，让病人摆脱疾病之苦。

韩愈在诗中提到的这四种疗法，其中的喝药和艾灸，都属于传统的中医疗法，我们可以理解，但诅师和符师的做法就实在是没有科学依据了。

---

1 韩愈（768—824）：字退之，河南河阳（今河南孟州南）人。唐代中期官员，文学家、思想家、哲学家，唐代古文运动的倡导者，被后人尊为"唐宋八大家"之一，著有《昌黎先生集》。

2 艾灸：一种中医疗法，简称灸疗或灸法，用艾叶制成艾条、艾炷，然后用其燃烧产生的热量刺激人体的特定穴位，通过激发经气的活动，调整人体紊乱的生理生化功能。

恐吓和画符怎么能治病呢？这只能说明，面对来势汹汹的疟疾，古代的人类确实是无计可施的。

# 欧洲的放血疗法

跟欧洲人相比，中国人用恐吓和画符的方式去对抗疟疾，就算不上荒谬了。

古代的欧洲人用一种更荒谬的方式去对抗疟疾——放血疗法。

当然了，发现疟疾真凶的过程，是一个十分漫长的过程。在饱受疟疾之苦的千百年时间里，不论是在东方还是在西方，人类始终没有找到有效的治疗方案，而是想出了很多病急乱投医的稀奇古怪疗法，其中最令人哭笑不得的，就要数放血疗法了。

放血疗法的产生，要归结到欧洲医学的开创者——希波克拉底[1]身上。

希波克拉底提出的"体液学说"，对西方医学的发展产生了巨大影

1 希波克拉底（约前460—前377）：古希腊伯利克里时代的医师，被西方尊为"医学之父"，西方医学的奠基人。《希波克拉底誓言》是其警戒人类的古希腊职业道德圣典著作。

响，他认为，人体内存在四种体液，分别是红色血液、黏液汁、黄胆汁和黑胆汁。在正常情况下，这四种体液是平衡的，人体也是健康的，然而一旦某一种体液过多而导致失衡，人体就会生病。

由于体液过多所引起的疾病，该如何治疗呢？希波克拉底的方法很直接，那就是把多余的体液释放掉，让人体内的体液重新达到平衡，恢复健康。

很显然，希波克拉底的体液理论就是放血疗法的初代模型。古罗马时期的宫廷医生盖伦继承了希波克拉底的知识，并且盖伦的胆子非常大，开始大规模地推广放血疗法。

盖伦认为，放血疗法几乎可以治疗一切疾病，哪怕是贫血和体弱的人，也可以使用这种方法来治病，甚至健康的人，也可以通过放血的方法来增强体魄。

由于希波克拉底和盖伦的名气实在是太大了，所以他们提出的这一整套理论，一直到近现代，依然影响着欧洲医学的发展。

# 亚历山大大帝和拜伦之死

你是不是很好奇，放血疗法真的管用吗？

当然不管用啦，受到放血疗法迫害的最著名的案例，就是亚历山大大帝之死。

关于千古一帝——亚历山大大帝的死因，一直以来众说纷纭，有人秉持阴谋论，认为是亚历山大大帝王冠上那颗巨大的红宝石有放射性，导致他得了恶性脑瘤；也有很多人认为，造成亚历山大大帝死亡的原因，是他染上了疟疾。

据说，亚历山大大帝是在巴比伦地区感染上的疟疾，患病后，他征召了很多大夫来为自己进行治疗，然而这些大夫面对来势汹汹的疟疾，根本束手无策。

后来，不知道是哪个大夫灵机一动，想到了放血疗法。

于是，一群大夫就轮番上阵，不断地给亚历山大大帝放血，而且是从亚历山大大帝身体的不同部位放血。估计戎马一生的亚历山大大帝，一辈子在战场上都没有流过这么多血。

最终，在这群大夫的柳叶刀[1]下，亚历山大大帝失血过多，被放血疗法活活折磨而死。

自古代至19世纪末，欧洲的外科医生最常实施的治疗手段就是放血疗法，它几乎成了统治欧洲医学界近2000年的"万能"疗法。

如果说亚历山大大帝死于放血疗法只是一个坊间传说，那么接下来这位名人，则是真的死于放血疗法，那就是著名的浪漫主义诗人拜伦。

据说拜伦也感染了疟疾，他先是被当时的一个庸医诊断为中风，然

---

1 柳叶刀：英文是 the lancet，既有"手术刀"的意思，也有"尖顶穹窗"的意思，著名的医学杂志《柳叶刀》，正是借此寓意，立志成为"照亮医学界的名窗"。

后又被另一个庸医诊断为癫痫，甚至还有一个庸医认为拜伦患的是关节炎。

总之，在这群庸医的各种误诊之下，拜伦喝下了各种稀奇古怪的药，病情非但没有好转，反而加速恶化。随后这群庸医一合计，看来还是得祭出老祖宗的放血大法呀！

众所周知，患上疟疾的人，身体本来就非常虚弱，拜伦当时已经病入膏肓了，忽而高烧，忽而寒战，忽而胡言乱语，在这样的身体状态下，哪里还能承受得住大量的失血？

放了几次血后，拜伦基本上就已经昏迷不醒了。这群庸医非但没有适可而止，反而觉得，哎呀，是不是血放得还不够多啊？难道拜伦得的是脑膜炎？咱们干脆再给他多放点血吧！

由于当时使用的医疗器械没有进行科学的消毒，再加上持续的外科放血，最终引发了败血症，在持续不退的高烧和痛苦之中，伟大的诗人拜伦不幸病逝。

# 来自新大陆的"神药"

面对凶猛的疟疾，古代的人类所采取的对抗方法，简直就像是在不了解敌情的情况下，进行的盲目的"自杀式袭击"。

然而，尽管人类在跟疟疾的战争中屡战屡败，不论是在西方还是在东方，人类始终都在不遗余力地坚持着战斗，绝不认输。

世上无难事，只怕有心人。终于，人类跟疟疾的战局，迎来了重大的转机。

这个转机就是新大陆的发现。

因为跟其他大陆隔绝得太久了，美洲的动植物资源跟其他大陆迥异，人类在美洲发现的各种动植物资源，深远地改写了整个世界的格局。

欧洲人在登上新大陆后，发现生活在美洲的原住民，也会得疟疾，但他们的疟疾死亡率很低，因为美洲大陆上生长着一种神奇的植物——金鸡纳树。从金鸡纳树的树皮里可以提取出一种名为"金鸡纳霜"的药物，可以有效地治疗疟疾。

在人类尚且不了解疟疾的病理和传播途径之前，金鸡纳霜是唯一一种可以有效对抗疟疾的药物。

那么，美洲人又是如何发现金鸡纳树皮的神奇药用价值的呢？

据说在很久以前，有一个美洲的印第安人感染了疟疾，在临死前，他感觉特别口渴，于是就艰难地爬到了森林深处的一口小池塘边，喝了很多水。

喝饱了，他就趴在池塘边，绝望地等待着死神的降临。

然而出乎意料的奇迹发生了，他非但没有死，疟疾的症状居然还逐渐减轻了。

这个印第安人感到十分惊讶，琢磨了半天，他恍惚想起，刚才喝池塘里的水的时候，似乎觉得水的味道有点苦。随后他注意到，池塘边生长着许多金鸡纳树，有几棵树的树枝浸泡在池塘里，导致池塘里的水也散发着树皮汁液的苦涩。

正是这种苦涩的树汁治好了印第安人的疟疾，拯救了他的生命。

从此以后，这种治疗疟疾的植物秘方，就在印第安部落之间世代相传了下去。

在地理大发现之后，美洲丰富的金银矿脉和物产令欧洲人垂涎三尺，他们开始疯狂地向美洲殖民。西班牙人最先在古印加人的土地上建立了秘鲁总督府。

其中就有一位西班牙总督，当他在秘鲁总督府就任的时候，他的夫人不幸感染了疟疾，随行的欧洲医生对此束手无策，提议为总督夫人进行放血疗法。

这位西班牙总督比较理智，他不相信放血疗法，就在美洲当地四处求医，很快就有当地人指点他，从金鸡纳树上刮点树皮，研磨成粉，兑到酒里，让总督夫人服下。

总督抱着死马当活马医的心态，让总督夫人喝下了金鸡纳树皮粉勾兑的酒。

可想而知，总督夫人的病很快就康复了。从此以后，金鸡纳树皮能治疗疟疾的消息不胫而走，很快，金鸡纳树皮就被运回了西班牙，登上了欧洲大陆。

# 金鸡纳霜的东方代言人——康熙大帝

自从被西班牙人带回欧洲，金鸡纳霜就从疟疾的魔爪下，挽救了更多的生命，这其中就包括了远在东方的康熙大帝的生命。

在《清宫医案研究》中，有这样一句明确的记载："康熙皇帝曾患疟疾，服金鸡纳霜治愈。"

远在西方的金鸡纳霜，又是怎么跑进清朝皇宫的呢？这段故事是这样的：

康熙皇帝为平三藩之乱，派八旗兵深入南方的疟疾疫区。

没想到，清兵班师回朝的时候，把疟疾也带了回来，一时间，北京城内病患无数，就连住在紫禁城里的康熙皇帝，也不幸受到了传染。

康熙皇帝感觉忽冷忽热，身体打起了摆子，尽管御医采用了各种方法，皇帝的病情依旧不见好转，高烧不退。

就在这时，两位来自法国的传教士向康熙皇帝献上了一种西药，那就是由金鸡纳树皮制成的金鸡纳霜。

然而，御医们却坚决反对这种所谓的"神药"，他们认为，至高无上的皇帝怎么能服用这种不知底细的药呢？

一番争执后，大家想到了一个办法：让患疟疾的百姓进宫试用金鸡纳霜，先试试药效。结果令御医们大吃一惊——一个个奄奄一息的病人，居然在服药后第二天便脱离了危险。

这让康熙皇帝也极为惊讶，这不起眼的金鸡纳霜，果真是救命的神药啊！

就这样，康熙皇帝再也不顾御医们的反对，毫不犹豫地把金鸡纳霜服了下去，很快，康熙皇帝平安康复了。

从此以后，康熙皇帝对金鸡纳霜极为重视，大臣中如果有人得了疟疾，康熙皇帝就会专门派人送去金鸡纳霜，希望借助这个药，治好自己看重的大臣的病。

# 终于找到疟疾的元凶

他就是揭开了疟疾真面目的人——法国医生夏尔·路易·阿方斯·拉弗朗（Charles Louis Alphonse Laveran）。

事情发生在 1880 年 11 月，这一天，拉弗朗拿出了一份疟疾患者的血液样本，在显微镜下进行观察，结果无意中他发现显微镜的镜头底下，居然出现了一群长相奇怪的小生物，这种小生物的身体长得比较圆润，偏细长，上面还有一些鞭毛状的突起。

拉弗朗警觉地意识到，这种可疑的小生物会不会就是导致人们患上疟疾的罪魁祸首呢？为此，他又特意去收集了一些其他疟疾患者的血液样本，进行更细致的观察。

在显微镜的镜头下，拉弗朗发现，所有疟疾病人的血液样本当中，果然都有这种长相奇怪的小生物，于是，他终于可以确定，这些看起来非常不起眼的小生物，就是导致人们患上疟疾的元凶！

拉弗朗发现的这种小生物，正是疟原虫。

不过，疟原虫是怎么进入人体的呢？是被人类吃下去的？还是通过呼吸系统进入的？还是它们自己透过毛孔钻进人类的皮肤下的？拉弗朗并没有解开这个难题。

揭开疟原虫进入人体过程谜底的人，是一个名叫罗纳德·罗斯的英国人。

1881年，罗斯来到疟疾流行的印度工作。

当时，罗斯的志向是成为一名作家，他在居住环境极为恶劣的印度浑浑噩噩地混着日子，每天都深受热带肆虐的蚊虫叮咬之苦。

5年后，罗斯随着军队辗转于东南亚的热带丛林中，亲眼看见了可怕的疟疾袭击了一个又一个村庄，人们在痛苦中绝望地死去，一幕幕生离死别的惨景，让这个原本对医学毫无兴趣的年轻人，燃起了拯救人类的宏图壮志。

# 揪出疟疾的散布者

罗斯清楚地意识到，要打败疟疾，必须先查明疟疾的传播途径，从根源上铲除疟原虫。

那么，疟疾的传播途径究竟是什么呢？

罗斯的第一个怀疑对象是蟑螂，之后他还怀疑过蝙蝠和贝壳类生物，但经过了一系列的研究，他只排除掉了大量的嫌疑者，并没有找到传播疟疾的真正凶犯。

罗斯的研究陷入了困境，幸运的是，在这个时候，有两位朋友向他伸出了宝贵的援手。

第一位向罗斯伸出援手的朋友，就是赫赫有名的罗伯特·科赫[1]。

在世界医学和生物学的历史上，罗伯特·科赫可是一位响当当的大人物。他发现很多传染病都是由致病性微生物引起的，他还是结核杆

---

1 罗伯特·科赫（1843—1910）：德国医生、细菌学家，世界病原细菌学的奠基人和开拓者。科赫对医学事业所做出的开拓性贡献，令他成为世界医学领域的泰斗巨匠。

菌、霍乱弧菌和炭疽芽孢杆菌的发现者，因此，罗伯特·科赫被尊称为"细菌学之父"。

听说罗斯在研究疟疾时屡屡碰壁，罗伯特·科赫给罗斯写了一封信，提醒道："我亲爱的朋友，你觉得疟疾会不会是由蚊子传播的呢？"

第二位向罗斯伸出援手的朋友，是英国寄生虫学家、热带医学之父万巴德[1]。

万巴德慷慨地把自己研究多年的资料和疟原虫标本分享给了罗斯，并给予了罗斯各种指导和帮助。

得到朋友大力相助的罗斯，终于将目标锁定为蚊子，他开始在印度研究蚊子。

印度一共有300多种蚊子，但并不是每一种蚊子都能够传播疟疾，罗斯需要找到并抓住所有种类的蚊子，并进行解剖。

就这样，罗斯不停地抓蚊子，解剖蚊子……

终于有一天，他抓住了一只刚刚吸食过人血的按蚊[2]，通过解剖，罗斯在这只按蚊的胃肠里面，发现了人类疟原虫的卵囊。

这个发现非常伟大，这一年是1897年。

到了第二年，也就是1898年，罗斯又在患有疟疾的鸟类血液当中，

---

1 万巴德（1844—1922）：又译曼森，苏格兰医生，被誉为"热带医学之父"，今伦敦卫生与热带医学学院创立者。

2 按蚊：体多呈灰色，翅有黑白花斑，刺吸式口器，静止时腹部翘起，与停落面成一角度。雌虫吸取人畜的血，传播疟疾和丝虫病等，又称疟蚊。

发现了类似的卵囊，同时，在蚊子的唾液当中，也观察到了鸟类的疟原虫。由此，罗斯证实了疟疾是由蚊子传播给人类的。

罗斯万分激动，在日记里写下了这样一句话："那杀死百万人的祸首啊！我终于找到了你狡猾的足迹……"

罗斯说疟疾杀死了百万人，其实他说少了，根据当时的统计，全世界每年至少有 3 亿人得疟疾，每年就有至少 300 万人死于疟疾。

令人欣慰的是，根据世界卫生组织《2015 年世界疟疾报告》的统计结果，自 2001 年以来，撒哈拉以南的非洲已经避免了 6.63 亿人感染疟疾。之所以取得这样的成果，正是因为罗斯的发现！

罗斯发现了疟疾是由蚊子传播给人类的之后，非洲人开始使用蚊帐来防蚊，大大地降低了疟疾的传播率。

# 抗疟宠儿滴滴涕

蚊帐的使用，目的是降低疟疾的传播率，之后，人类就试图进一步从根源上铲除疟疾，那就是杀灭蚊虫。

于是，一种神奇的杀虫药出现了，那就是滴滴涕（DDT）。

1939 年，瑞士化学家保罗·米勒发现了合成化学杀虫剂滴滴涕，它可以迅速杀死蚊子、虱子和多种农作物害虫，而且比其他杀虫剂更为安全。

发达国家纷纷开始大规模地使用滴滴涕，用来防治多种危害农、林、畜牧业生产的昆虫，以及对付黄热病和丝虫病等多种虫媒传染病，取得了出人意料的成果。

一时间，在世界各地，无论是田间地头、乡野沼泽，还是城市里的大街小巷，几乎每个人手里都拿着一个装有滴滴涕的喷壶，只要看到有污水或蚊虫出没的地方，就喷洒两下。

滴滴涕在全世界被迅速推广，人们欢欣鼓舞，认为人类很快就会消灭蚊子，进而消灭疟疾这种古老的疾病，医学界也不用再大费周章地研究对抗疟疾的药物了。

甚至有人开玩笑地说，在灭绝疟疾之前，滴滴涕会先灭绝研究治疗疟疾的医学专家。

根据世界卫生组织的数据显示：1948 年，在没有使用滴滴涕的斯里兰卡，每年约有 100 万例新增的疟疾患者，而开始使用滴滴涕后的 1963 年，每年新增的疟疾患者仅为 18 例，效果可以用震惊来形容。

全世界 80% 的国家都使用滴滴涕，卓有成效地控制住了疟疾。到了 1955 年，世界卫生组织制订了一个计划，准备更广泛地推广滴滴涕，在若干年内彻底消灭疟疾。

滴滴涕成为人类对抗疟疾的宠儿。

然而，人类想要用滴滴涕战胜疟疾的美好幻梦，就像一个肥皂泡，很快就被打破了。

# 滴滴涕跌下神坛

1962 年，一本名为《寂静的春天》的畅销书，将滴滴涕拉下了神坛。

书中记录了在 1958 年，一位家庭妇女写给一位知名鸟类学者的一封信：

在我们村子里，好几年来一直在给榆树喷药。

当 6 年前我们才搬到这儿时，这儿鸟儿多极了，于是我就干起了饲养工作……

在喷了几年 DDT 以后，这个城几乎没有知更鸟和燕八哥了；在我的饲鸟架上已有两年时间看不到山雀了，今年红雀也不见了……

……榆树正在死去，鸟儿也在死去。是否正在采取措施呢？能够采取些什么措施呢？我能做些什么呢？

大量使用滴滴涕，在不知不觉中，已经使整个地球陷入了一场生态危机当中。

《寂静的春天》如一石激起千层浪，在当时连续荣登《纽约时报》畅销书榜首，它让人们重新意识到人与自然之间平衡的重要性。

研究发现，滴滴涕在植物和动物体内都会产生有毒的残留成分，对生态环境造成巨大的危害。

环保主义和环保组织由此兴起，并采取了一系列抵制滴滴涕的行动，美国当时的约翰逊总统，以及后来的尼克松总统，都签署了禁止使用滴滴涕的法令。

1955 年，联合国化学安全机构确定了 12 种"持久性有机污染物"，滴滴涕就名列其中。

从"天外救星"到人类的"弃儿"，滴滴涕历经了全民欢呼的高潮，又迅速跌入谷底。

但不论如何，从滴滴涕的出现到它被禁止使用，这短短的时间里，它为防治疟疾立下了汗马功劳。

一则统计数据显示，滴滴涕在全球至少挽救了 5 亿人的生命。

在滴滴涕被全球禁用后，在很多地区，尤其是经济及卫生条件较为落后的地区，疟疾病魔卷土重来，有些国家甚至因此面临经济崩溃的边缘，许多支持滴滴涕的科学家和医学家也因此愤然辞职。

到了 2016 年的时候，联合国被迫宣布，因为疟疾肆虐，不得不在非洲等地重新使用滴滴涕，但是要对用量进行严格控制。

滴滴涕从疟疾病魔手中挽救了数以亿计的生命，可是它也给地球的生态造成了无法磨灭的破坏。你觉得滴滴涕究竟是功大，还是过大呢？

# 抗疟新药横空出世

滴滴涕从万能杀虫剂的神坛上被拉下来，使得人类再次将目光投向了研制治疗疟疾的药物上。

从 1638 年被欧洲人带到全世界的金鸡纳霜，到 1820 年从金鸡纳树皮中人工提取出的有效抗疟成分——奎宁，人类渐渐已经找到了一条行之有效的抗疟之路。

从奎宁被成功提取出来的那一刻起，它就一直被人类用于对抗疟疾，但是人们很快就发现了它的不足之处。

首先，奎宁是从金鸡纳树皮中提取而出的，提取困难，因此价格昂贵；其次，它具有很多副作用，比如会出现头晕、耳鸣、精神不振等，甚至会导致孕妇流产。

面对奎宁的诸多不足，人们迫切地希望对奎宁进行改良。

1934 年，化学家们终于合成出了一种与奎宁的化学结构非常相似，但是更为简单的药物，它就是氯喹。

第二次世界大战期间，德国人保密多时的抗疟神药氯喹，被美军从德国俘虏身上搜了出来。

经过药理学实验，美军发现同样剂量的氯喹，疗效竟是奎宁的10倍！

而且，氯喹的副作用要比奎宁小很多，最重要的是，氯喹成本低廉，治疗疟疾一个疗程的费用仅不到10美分。

因为氯喹物美价廉，第二次世界大战期间被迅速地大批量生产，挽救了无数人的生命。

氯喹解决了抗疟药物的来源和成本困境，它的成功推广，再次给了人们消除疟疾的信心，当时的人们乐观地认为，疟疾会和天花一样，最终被人类消灭。

甚至有些比较激进的国家，为了能够真正地预防疟疾，决定在粮食以及食盐当中添加微量的氯喹。

但是，这样小剂量地使用氯喹，却使得疟原虫产生了抗药性。很快，在美洲及东南亚的一些热带丛林当中，人们发现了变异的新型疟疾，这种疟疾的传播速度更快，然而氯喹对它没有任何效果。

1960年，氯喹和其他抗疟药物，对疟疾患者的治愈率已经接近97%，但是几年之后，随着新型疟疾的传播，治愈率却降到了21%。

疟原虫不仅对氯喹产生了抗药性，其他按照同样思路研制出来的抗疟疾药物也同样失效了。人类对抗疟疾的阶段性的胜利，仅仅持续了不到10年，就再一次陷入了困局。

问题到底出在哪儿呢？

当环境里出现了能够杀死疟疾的药物时，疟原虫自然就要想办法抵抗，药物作用于疟原虫的是哪些靶点，疟原虫就会改变自身的哪些靶点，让药物无法再杀灭自己，至少是让药物对这些靶点的作用效率变低，这就是抗药性的原理。

# 屠呦呦与 523 项目

20 世纪 60 年代初，由于疟原虫产生了抗药性，之前研制的抗疟药物基本失效，全球的疟疾疫情再次发展到了难以控制的程度。

1967 年到 1970 年，在越美军因疟疾而减员 80 万人；从 20 世纪 60 年代初开始，我国的南方地区也出现了大范围的疟疾疫情。

疟疾再次卷土重来，在全球范围内大杀特杀，几乎到了无人能挡的地步。

20 世纪 60 年代初，美越交战，双方军队都深受疟疾之害。

美军投入大量财力来研发新型抗疟药物，越南则求助于中国。1967 年，党中央做出了一个重要决定，那就是研制新型抗疟药物。

5 月 23 日，在北京召开了"全国疟疾防治研究协作会议"。作为一个秘密的军事科研任务，"523"成了当时研究防治疟疾新药项目的代号。

这项任务集合了当时全国 60 多家科研单位、500 多名科研人员，分量之重，堪比当时正在进行的"两弹一星"项目。

在这场举全国之力的大规模合作项目中，最突出的成果就是，成功研制出了举世公认的抗疟新药——青蒿素。

大家对屠呦呦这个名字一定不陌生，她就是 2015 年的诺贝尔生理学或医学奖获得者，青蒿素研制的最大功臣。

那么接下来，就让我们一起来看一看，屠呦呦是如何成功提取出青蒿素的吧！

1969 年 1 月，全国"523"办公室的正副主任来到中医研究院（今中国中医科学院），找到了当时的院领导，想请中医研究院参加一个研究项目，那就是用中草药来防治疟疾。

当时的院领导找到了屠呦呦老师，屠呦呦当时还很年轻，职称也不高，只是一个助理研究员，她十分感谢国家对她的培养，特别希望能用自己学到的知识报效祖国，接到院方的任务后，她就毫不犹豫地投入了用中草药防治疟疾的研究工作中。

屠呦呦和同事们迅速启动了研究工作，最先展开的便是抗疟中药的筛选。

从 1969 年 1 月到 1971 年 9 月初，他们一共筛选了 100 多种中药的水提物、200 多种醇提物样品，每一次筛选，大家都充满希望，但结果总是令人倍感失望。

在这批筛选的中药中，也包括了青蒿，并且，从某一次的青蒿中提取出的样本，对疟原虫的抑制率达到了 68%，然而这个好苗头仅是昙花一现，再也无法复制。

# 青蒿素的成功提取

屠呦呦和她的团队陷入迷惑之中，青蒿提取物对疟原虫的高抑制率为何无法复制？是史书的记载不可信？还是实验方法不合理？难道在中医药的宝库中，就真的挖掘不出对抗疟疾的宝藏吗？

问题到底出在哪儿呢？

屠呦呦并没有被困难所击倒，经过理性的思考，她认为，还是应该从中医典籍中去寻找启示。

在阅读了大量的中医典籍后，她终于在《肘后备急方》[1]中，发现了这样一段记录：

青蒿一握，以水二升渍，绞取汁，尽服之。

这段话的意思就是：将一把青蒿浸泡在两升水中，绞碎后过滤，将滤得的汁液全部喝下去。

在提取青蒿样本时，屠呦呦团队以往的做法，要么是用水煎煮，要

---

1《肘后备急方》：古代中医方剂著作，是中国第一部临床急救手册。由东晋时期的葛洪所著，原名《肘后救卒方》，简称《肘后方》。

么是用乙醇提取法，但这两种方法提取出的样本，效果都不尽如人意。

而《肘后备急方》中的记录显示，古人只须将青蒿放在水中简单地绞碎再过滤，就可以得到有效的草药汁液了。

难道青蒿中的有效成分容易被高温或乙醇破坏吗？

还有，青蒿在什么情况下才能绞出汁来？具体是要绞哪一部分的汁液？这涉及了植物的采收季节、有效药用部分等一系列的问题。

经过周密的思考，屠呦呦针对青蒿提取的难点，重新设计了提取方案——用低温提取，将温度控制在60℃以下，用水、醇和乙醚等多种溶剂进行比对提取，并将青蒿的茎秆和叶子进行分开提取。

经过一系列的实验和比对，最后得出结论：只有在适度的低温情况下，从青蒿的叶子里提取出的样本，才是有效的抗疟成分。

就这样，课题组从1971年9月起，启用新方案，对既往曾筛选过的重点药物，以及几十种新选入的药物，夜以继日地进行动物实验。

终于，在1971年10月4日，传来了令人兴奋的好消息！

在动物观察实验中，编号为第191号的青蒿乙醚中性提取物，对鼠疟、猴疟原虫的抑制率达到了100%！

1972年3月8日，屠呦呦在南京召开的"523"抗疟药研究内部会议上，报告了青蒿的提取物对鼠疟、猴疟具有良好抗疟作用的重大发现，引起了与会者的极大关注。

会后，全国"523"办公室下达要求，当年就在海南疟区试用青蒿有效提取物，观察临床抗疟疗效。

# 青蒿素治病救人

屠呦呦和她的团队终于提取到了青蒿素，接下来，就是最为关键的一步了：临床试用。

可是，当时提取出的青蒿素非常少，根本达不到临床试用的需要量。

怎样才能更多、更快地提取青蒿素呢？

为了让青蒿素尽快地投入临床试用，屠呦呦团队不得不"土法上马"，用7口农村腌咸菜用的大水缸，代替了实验室里使用的小瓶小罐，用乙醚在大水缸中泡青蒿。

通过这样的工具和加班加点工作，最终提取出了100克青蒿素。这在当年的技术条件下，已经是非常了不起的成绩了。

然而，在动物实验中对鼠疟和猴疟的疟原虫的抑制率达到100%的青蒿素，在针对人类病患的临床试验中，却从一开始就遭遇了重大的挫折：在5例恶性疟疾患者中，仅有1例康复。

失败的消息很快传回了北京，屠呦呦团队立刻对临床使用的青蒿素片剂进行了分析，结果发现，片剂的崩解度非常差，这就意味着吃下去的药片，病人很难消化，这会直接导致药效受到影响。

问题找到了，该怎么解决呢？

屠呦呦团队迅速制定对策，不再使用片剂，而是将青蒿素结晶直接装入胶囊。

1973年9月29日，中医研究院中药研究所的负责同志带着青蒿素胶囊抵达海南，3例疟疾临床患者服下了胶囊，3天后，3例病人全部康复，他们体内的疟原虫被全部杀死。

人类首次在临床上证明了青蒿素是治疗疟疾的有效药物！

屠呦呦和她的团队发现的青蒿及其活性部位，对抑制疟疾有非常好的疗效。这个消息也给其他研究小组提供了新的思路。

各个研究小组纷纷回到自己所属的地区，开始在全国各地寻找类似的植物资源。

很快，云南省药物研究所的研究员在云南找到了一种名为苦蒿的野生植物，也就是黄花蒿。1973年4月，云南省药物研究所从苦蒿中提取到了有效成分，定名为苦蒿结晶Ⅲ号，后来统称为青蒿素。

云南苦蒿的青蒿素含量，比北京青蒿的青蒿素含量要高出10倍。

1973年10月，苦蒿结晶的动物实验完成，效果出奇地好，后续的人体临床试验，也显示出了非常好的疗效。

与此同时，山东省中医药研究所也从本省的一种蒿类植物当中，提取到了有效单体。

青蒿素的出现，让人类再次看到了战胜疟疾的一线曙光，但是，青蒿素会不会像氯喹一样，让疟原虫迅速产生抗药性呢？

对经历过太多次失败的研究人员来说，一切都只是问号，唯有大量的临床验证和推广，才能得到最终的结果。

# 用自己的身体做实验

青蒿素的研发，是一个接力棒式的过程，从北京到云南，从山东到广东，屠呦呦和她的团队最先发现青蒿提取物有效，打响了抗疟反击战的第一枪。

而广州中医药大学的李国桥，从屠呦呦手中接下了接力棒，在青蒿素的临床试验和推广阶段，立下了汗马功劳。

从 1967 年至今，李国桥始终奋战在抗疟一线。

1974 年 10 月底，全国"523"办公室将青蒿素抗疟疾临床试验研究这项艰巨的任务，交到了李国桥手中。

李国桥的第一例青蒿素临床试验对象，是一个 13 岁的孩子。

孩子是第一次发病，发病期的病情十分凶猛，如果能在这种疟原虫最活跃的时候杀死它们，就说明这种药物的药效非常过硬。

通常情况下，李国桥会在病人服药前，看一下病人的原虫血检报告，第二天他是不会看血检报告的，因为服药后的第二天，疟原虫肯定还会继续生长，至少要再等一天，疟原虫数量才会开始减少。

然而这一次，由于是第一次使用青蒿素，李国桥特意在病人服药后的第二天，就查看了血检报告，结果让他大吃一惊，病人血液中的疟原虫几乎完全消失了！

由于这是以前从来没有过的现象，李国桥十分谨慎，他怀疑并不是青蒿素产生了效果，而是病人在入院前已经服用过药物了。带着这种怀疑，李国桥进行了第二例临床试验，这一次他万分小心，在病人服药后，他每隔 6 个小时就准时观察一次病人的血检报告。

结果，病人的血检报告跟第一例一模一样，在服用青蒿素后，病人体内的疟原虫迅速就被杀灭了。一连进行了 18 例临床试验后，李国桥彻底信服了，青蒿素就是这么厉害，这是李国桥遇到过的最好的抗疟药物，是前所未有的抗疟特效药，对于恶性疟疾也完全有效！

而青蒿素安全、低毒、杀灭恶性疟原虫的速度，更是氯喹等传统抗疟药所望尘莫及的。

一直以来，李国桥都认为恶性疟疾在一个周期内会存在两次发热，但这只是他自己的一个推测，不能拿病人来验证。青蒿素的临床试验的成功，给了李国桥极大的信心，为了证实自己的推测，他决定用自己做人体试验，并让自己的助手郭兴伯负责记录下他发病后的详细过程。

李国桥还特意叮嘱郭兴伯，如果自己一发病就出现昏迷，千万不要马上用药，因为这样就会中断试验。李国桥甚至还写了一份"遗书"，万一出了什么意外，就在他的墓志铭上画一个疟原虫的图案，这样他就心满意足了。

事实上，李国桥对青蒿素充满了信心，他百分之百地相信试验不会发生任何意外。

# 问鼎诺奖

1982 年 8 月，李国桥和他的团队撰写的论文，发表在了国际权威医学杂志《柳叶刀》上，这是中国科学家第一次发表有关青蒿素的国际论文。

自此之后，青蒿素作为新型抗疟药物，在国际上引起了广泛关注。

自 20 世纪 90 年代以来，为了让青蒿素类抗疟药造福更多患者，李国桥频繁奔走于越南、柬埔寨、泰国、印度、肯尼亚和尼日利亚等疟疾疫情严重的地区，甚至有人这样说，哪里疟疾严重，哪里就会有李国桥。

在人类与疟疾对抗的这段充满艰辛乃至生死体验的日子里，李国桥真正见证了青蒿素类抗疟药一步步取得的累累硕果。

当时，中国的科研人员在国内公开出版的医学杂志上，发表了关于提取青蒿素用于治疗疟疾的文章，不久之后，美国军方就得到了这个消息。

美国军方大为震惊，美国科学家按照中国医学杂志上介绍的方法，耗时两年，重复了中国人的提取方法，最后在威望极高的美国杂志《科学》上发表了封面文章，肯定了中国的青蒿素。文章称青蒿素作用迅速，对疟原虫来说，青蒿素就像一枚炸弹，疟原虫根本来不及辨别它，就已经被炸死了。

总而言之，青蒿素的抗疟效果无与伦比，连美国人都感到震惊。

2015 年 10 月 5 日，我国第一位诺贝尔生理学或医学奖得主诞生，她就是屠呦呦。这标志着人类在抗击疟疾的战争史上取得了一次重大的胜利。

屠呦呦的获奖理由是：有关疟疾新疗法的发现。

诺贝尔生理学或医学奖评委让·安德森说："屠呦呦是第一个证实青蒿素可以在动物体和人体内有效抵抗疟疾的科学家。她的研发对人类的生命健康贡献突出，为科研人员打开了一扇崭新的窗户。屠呦呦既有中医学知识，也了解药理学和化学，她将东西方医学相结合，达到了一加一大于二的效果，屠呦呦的发明是这种结合的完美体现。"

如今，屠呦呦和她的团队依旧在与疟疾这种最古老的传染病进行战斗。93 岁的她，依然对人类的抗疟之战最终取得胜利充满着信心。

最后，就让我们用屠呦呦的一段话，来结束这一节吧：

我们认为，消除疟疾是构建人类命运共同体的重要内容，为了实现一个没有疟疾的世界，让我们共同为此而努力！

# 结　语

在与疟疾的千百年抗争史中，人类从盲目无知到认识对手，再到阶段性地战胜对手；疟疾从无药可医到有药可解，再到自身变异产生抗药性，这是一场双方都在奔跑着的拉锯战。

青蒿素的出现，似乎让人类的胜算又多了几分。

但这种困扰人类数千年的顽疾，真的会就此束手就擒吗？这场跨越千年，至今仍在继续的人类抗疟之战，你和我，将继续共同见证！

# NO.8 人类如何打败细菌

如果我们受了伤，身上有了比较大的伤口，爸爸妈妈就会带我们去医院，让医生给我们的伤口进行消毒和缝合处理，同时，还要打上一针破伤风针。

这个破伤风针，其实就是抗生素，可以有效地遏止伤口发炎和感染等症状。

而在没有抗生素的古代，即便人们把伤口处理得再及时、再彻底，还是无法避免细菌感染而造成的死亡。为了对抗致病细菌这种可怕的微生物，人类千百年来付出了巨大的努力。

直到青霉素的发明问世，人类才终于不再畏惧细菌感染的威胁。

细菌为什么会威胁人类的健康？青霉素又是如何成为人类的救命良药的？在对抗细菌感染的路上，人类经历了怎样漫长的探索之路？

让我们一起来解开重重谜题吧！

# 古代的硬核疗伤法

在金戈铁马的冷兵器时代[1]，士兵经常会在战场上受伤。

每当士兵受到刀箭伤时，除了请医生，往往还会请来铁匠。在浓重的夜色中，疗伤的营帐里，居然响彻锵锵的打铁声。

这到底是怎么回事？难道是让铁匠替士兵疗伤？

没错，就是让铁匠来当大夫，这绝不是开玩笑。在古代，士兵受了伤，就算及时包扎了伤口，伤患处也常常会难以愈合、血流不止，之后便会感染、化脓、发高烧，直至不幸死亡。

在医疗条件还没有现在这么先进的古代，为了防止士兵因伤口溃烂发炎而死，人们只能找铁匠来救急。铁匠怎么给士兵疗伤呢？很简单，把烙铁烧红，往伤患处直接一烫，伴随着一阵青烟，空气中弥漫着皮肉烧焦的气味，以及士兵凄厉的惨叫声，伤口被烧烫得焦黑，这样一来，就能迅速结痂止血，降低伤口暴露在空气中发炎的概率。

---

1 冷兵器时代：指从远古时兵器由生产工具分化出来，也就是兵器发明开始，到火药发明并广泛使用于战争的这段时期。

234

这就是在医学不发达的古代，人们为了救命而想到的不得已而为之的方法。

在《肘后备急方》中，对于这种疗伤法有明确的记载：

忽伤乱舌下青脉，血出不止，便煞人，方可烧纺轹铁，以灼此脉令焦。

不仅古代的中国人用烧烫法疗伤，古代的欧洲人亦是如此。在古代，烧烫疗伤法是全世界通用的。

在医学不发达的年代，面对伤口，人们首先要解决的问题就是止血，除了用烧红的烙铁止血，武侠小说里还常提到一种神奇的止血药粉——金疮药，只要往伤口上撒一点药粉，也能迅速止血。在古代的医书上，也有不少类似的记载，比如用石榴花和石灰等磨成粉，撒在伤口上。

后来还发展出利用特殊的线来缝合伤口的方法，但这些方法仅适用于止血，而在流血的背后，还潜伏着更容易造成人死亡的"杀手"，那就是伤口的红肿、化脓和溃烂等症状，以及由此而引发的一系列可怕的并发症。

# 细菌是什么？

对于能够致人死亡的伤口发炎，古代的人类完全束手无策，他们既不知道这到底是怎么造成的，也不知道该如何去治疗。

到了今天，大家对此肯定都一清二楚了，伤口之所以会发炎，都是由细菌感染造成的，只要使用抗生素，就能药到病除了。

以青霉素为代表的抗生素，是人类 20 世纪最伟大的发明之一。

青霉素是人类最早发现的抗生素，自从第二次世界大战期间被发明问世以来，就挽救了无数士兵的生命。到了今天，作为抗生素家族的一员，青霉素仍是抗菌药物中的主流药物，在对于咽炎、扁桃体炎、肺炎和脑膜炎等多种细菌感染性疾病上，都有无可替代的治疗效果。

要想知道青霉素是怎么诞生的，咱们就得先搞清楚，细菌是如何被人类所认识的。

早在列文虎克生活的时代，人们就已经透过显微镜，发现了细菌的存在。不仅如此，列文虎克还发现，在我们生活的世界当中，还生存着一些我们用眼睛根本看不见的微小生物。

遗憾的是，当时的人们无法理解列文虎克的发现，也无从知晓那些微小的生物究竟是什么东西。

其实，那些微小的生物，就是今天人们耳熟能详的微生物。

而细菌，正是常见的微生物类群之一。细菌种类繁多，通常以外观形态来命名，比如葡萄球菌、链球菌和杆菌等。大部分细菌是无害甚至有益的，但也有少量的细菌则是病原体，是会引发人类生病的致病菌。

虽然人类早就知道细菌等微生物的存在，但是在很长一段时间里，谁都没有把它们和疾病联系在一起。

古代的人们认为疾病是一种极为神秘的东西，应该是由于空气中有什么看不见的脏东西，才会让人感染疾病。至于那看不见的脏东西究竟是什么，没有人仔细去想过，或者说，就算仔细去想，也没有人想出正确的答案。

直到有一个名叫路易·巴斯德[1]的人出现，人类才真正意识到诱发疾病的细菌的存在。

# 巴斯德发明的消毒法

巴斯德是我们非常熟悉的一位了不起的科学家。

巴斯德家境贫寒，他的父亲没有受过教育，吃够了没文化的苦，心知"再苦不能苦了孩子，再穷不能穷了教育"，所以，在巴斯德很小的时候，父亲就省吃俭用地送巴斯德去读书，接受正统的教育。

小巴斯德非常争气，学习非常努力刻苦，最重要的是，他的好奇心特别强，每天都不停地向老师问问题，导致老师们都害怕他了。每次看到巴斯德，老师们都恨不得绕路走，生怕被巴斯德揪住让自己回答问题。

―――――――――

1 路易·巴斯德（1822—1895）：法国著名微生物学家、化学家，天主教徒。他将微生物的研究从形态转移到生理途径，奠定了工业微生物学和医学微生物学的基础，并开创了微生物生理学。

就这样，凭借着天赋和不懈的努力，巴斯德以第四名的优异成绩考入了巴黎高等师范学校[1]，学习化学。在大学校园里，巴斯德依然是同学们眼中的"怪才"，因为他实在是太爱学习了。

在巴黎高等师范学校里，巴斯德几乎没有什么社交活动，一天到晚都泡在实验室里，孜孜不倦地做实验，搞学术研究。在巴斯德的世界里，似乎只有科学的存在。正是靠着对科学的痴迷和执着，巴斯德才有了后来的成就。

那么，巴斯德到底是怎样闻名于世的呢？事情还要从法国的葡萄酒危机说起。

数百年来，法国都是葡萄酒生产大国，法国的葡萄酒产业是国家的黄金产业。

但在19世纪，一个严重的问题威胁着法国的葡萄酒生产，这个问题就是酒病。

所谓酒病，顾名思义，就是葡萄酒生病了——酒窖里的酒十分容易变质，不宜长存，本来清香可口的葡萄酒，放置了一段时间之后，就会莫名其妙地变色、变酸、变浑浊，无法再饮用和销售。

国内销售倒还勉强可以维系，但一旦把葡萄酒运往海外，在漫长的运输途中，葡萄酒变质的现象便屡有发生。轻微变质的时候，葡萄酒尚可饮用；而严重变质的话，只能将大量的葡萄酒整桶倒掉。

---

1 巴黎高等师范学校：原名为巴黎师范学校，于1794年由法兰西第一共和国国民议会下令创建，在法国大革命中饱经动荡，1808年整顿后重新开学。

酒病，使得法国的葡萄酒产业面临着巨大的危机。

酒应该是越放越香才对，为什么法国的葡萄酒放久了会坏呢？答案很简单，因为在当时的葡萄酒生产工艺环节中，还没有杀菌的工序，在酿酒的过程中，酒中混入了细菌，时间一长，在细菌的作用下，葡萄酒自然就变质了。

很多酒庄正是因为这样，损失惨重。

1856 年，法国的酿酒业大佬向在大学里担任教授的巴斯德求助，请巴斯德搞清楚葡萄酒为什么会变质，从而来拯救陷入危机中的法国酿酒业。

应酿酒业大佬的邀请，巴斯德开始对葡萄酒进行研究。他用显微镜仔细观察和比对了正常的葡萄酒和变质的葡萄酒。

很快，他就有了发现。

巴斯德发现，在变质的葡萄酒中，有一种正常葡萄酒中没有的微生物，若将这种微生物放入正常的葡萄酒中，正常的葡萄酒也会立即变质。

也就是说，正是这种小小的微生物，导致了法国葡萄酒业的巨大危机。

要解决这个问题，就必须杀死这些小小的微生物，但同时又不能影响葡萄酒的口感和营养。

19 世纪，巴斯德发明了赫赫有名的巴氏消毒法[1]，完美地解决了这个难题。

---

1 巴氏消毒法：又称巴斯德消毒法，得名于其发明人法国微生物学家路易·巴斯德。

一直到今天，大家如果仔细看牛奶和罐头的包装，依然可以在上面看到"采用巴氏消毒法进行消毒"的字样。

那么，巴氏消毒法是如何消灭致病细菌，又同时保留食物的营养和风味的呢？

巴氏消毒法也被称为低温消毒法，"低温消毒"这四个字就很容易理解了，我们都知道，在高温环境中，可以杀死很多细菌，但其实相对低的温度，也可以杀死细菌。如果将温度控制在 60 ~ 70 ℃，持续 30 分钟，就可以既杀死细菌，又让被消毒物的营养成分不被破坏，这就是巴氏消毒法。

巴斯德用巴氏消毒法化解了法国葡萄酒业的危机，使法国的制酒工业重整旗鼓。

在美国，一位加利福尼亚葡萄种植者在纽约的《统计月刊》上这样赞美巴斯德："巴斯德在葡萄种植者中间的名声和美国总统的名声一样大。如果他在这里的话，美国会向他提供一个高级职位。"

# 被轻视的天才们

在发明了巴氏消毒法，解决了酿酒业的麻烦之后，巴斯德在 1865 年的一次桑蚕大量生病死亡的事件中，再次发现这依然是细菌在作祟。

之后，巴斯德还在鸡霍乱和羊炭疽病等一系列事件中，发现了相同的病源——细菌。

由此，巴斯德终于意识到，微生物中的细菌和疾病之间存在着联系。既然细菌能让葡萄酒变质，让动物生病死亡，细菌便极有可能也是导致人类生病的元凶。

在随后的大量研究和实验中，巴斯德进一步认识到，在许多情况下，疾病和细菌等微生物，的的确确有着千丝万缕的联系。

于是，巴斯德提出了细菌致病理论。

遗憾的是，巴斯德并不是医学家，他的学术地位和影响力也没有达到足够的高度，他提出的"细菌致病理论"，并没有引起欧洲医学界的重视。

欧洲医学界之所以对巴斯德的理论视而不见、充耳不闻，除了巴斯德并非医学专家，更重要的原因是，在当时的欧洲医学界，有一种根深蒂固的傲慢情结，这种情结令整个医学界充斥着"不肯接受新知，不肯放下身段"的气氛。

巴斯德并不是第一个被这种傲慢所无视的人，事实上，早在10多年前，就有人提出过跟"细菌致病"相类似的理论，甚至找到了解决的办法。

然而，在医学界的傲慢之下，这位天才的理论遭到了无情的扼杀。

这位被无视的非凡天才，是匈牙利的妇产科医生，名叫伊格纳兹·菲利普·塞麦尔维斯[1]。

---

1 伊格纳兹·菲利普·塞麦尔维斯（1818—1865）：匈牙利产科医师，现代医院流行病学之父。他应用系统的流行病学调查方法，控制了所在医院产褥感染的流行暴发。

1847 年，塞麦尔维斯成了一名产科医生。当时，导致产妇死亡的最大"杀手"，并不是分娩时的各种并发症，而是生产之后的产褥热。

在临床观察中，塞麦尔维斯发现了一个任何人都没有注意到的现象——产妇的死亡率因科室的不同而截然不同：有些科室的产妇死亡率明显更高，而有些科室的产妇死亡率明显更低。

通过进一步的研究，塞麦尔维斯惊讶地发现，产妇死亡率高的科室，负责接生的往往是男医生；而产妇死亡率低的科室，负责接生的往往是女助产士。

这个发现令塞麦尔维斯感到非常奇怪，为何男医生和女助产士负责接生，会导致产妇的死亡率有如此显著的差异呢？难道是接生的姿势不一样？在那个年代，人们要求女性随时随地都要保持淑女的仪态，因此，女助产士在接生的时候，可能会跟产妇保持一定的距离，动作幅度也会相对小一些。

对此，塞麦尔维斯甚至进行了实验，他让手下的男医生在接生的时候，跟女助产士一样，跟产妇保持距离，并减小动作幅度。但即便这样做，由男医生负责接生的科室，产妇的产褥热和死亡率都没有明显的变化。

最终，塞麦尔维斯找到了正确的答案。

当时，在医学界有一个不成文的惯例，男医生们习惯于用自己的衣服来彰显实力——衣服上的血迹和污点越多，就越能标榜出他们是经验丰富、业务繁多的名医。

而除了为产妇接生，男医生们的日常工作还包括解剖尸体，总而言之，在男医生每天接触的环境中，充斥着大量的感染源，而他们却长期不换衣服，将所有的感染源都随时随地地带在身上。

相比之下，女性医务工作人员很少接触尸体和解剖工作，且比起男性，她们更爱干净，勤于清洗和更换衣服，随身携带的感染源明显比男性少得多。

塞麦尔维斯恍然大悟，产妇之所以会因产褥热而死亡，是因为给她们接生和照顾她们的医生们不干净！

在那个时代的欧洲，术后的死亡率高得惊人，柏林的术后死亡率高达 34%，巴黎为 60%，苏黎世为 46%。

在发现了导致产妇死亡的原因，跟医生的卫生水平息息相关后，塞麦尔维斯提出了极为直接的解决办法——让医务人员讲卫生，爱干净，术前洗手，勤换衣服。

按照塞麦尔维斯的要求，医院里原本极高的产妇死亡率，居然下降到了百分之一！

这说明塞麦尔维斯的方法是正确的，塞麦尔维斯大喜过望，迫不及待地行动起来，他打算把这个方法推广到整个医学界！

然而，随后迎接塞麦尔维斯的，却是现实的无情鞭打。

当塞麦尔维斯将自己的发现和成果公开后，他的发言立即引发了医学界的轩然大波——男性医生群体集体震怒，因为按照塞麦尔维斯的说法，导致病人死亡的罪魁祸首并不是疾病，而是男医生！

塞麦尔维斯一下子得罪了整个医学界，愤怒的男性医学工作者根本不能容许塞麦尔维斯继续在医学界生存下去。

塞麦尔维斯的后半生过得极为不幸，医学界对他进行了无情的打压和排挤，最后，甚至有人构陷塞麦尔维斯患上了精神病，强行将他送进了精神病院。

最终，塞麦尔维斯在精神病院里凄惨地离世了。

# 李斯特的外科手术消毒法

傲慢的欧洲医学界扼杀了天才塞麦尔维斯和他提出的洗手消毒法，巴斯德提出的"细菌致病理论"也被无视了。

直到后来，一位名叫李斯特的外科医生的出现，才扭转了欧洲医学界的傲慢。

1827 年，李斯特出生于英国。中学时期，李斯特接触到了生物学，便立即被深深地吸引住了。

在李斯特生活的时代，医学界普遍缺乏消毒意识，这使得外科手术的成功率不高。

当巴斯德提出"细菌致病理论"的时候，李斯特已经当了 4 年的外科医生，他在格拉斯哥皇家医院工作，是一名很不错的外科医生。

在皇家医院里，李斯特见到了许多因为意外而被送来做手术的重伤员。这些重伤员明明在外科手术中得到了很好的治疗，及时地接受了止血和伤口缝合，但术后的死亡率依然居高不下，而导致他们死亡的原因，便是伤口的红、肿、热、疼等一系列发炎症状。

只要病人的伤口发炎，外科医生就完全束手无策，只能祈祷上帝的帮助。

1865年，李斯特听说了巴斯德的"细菌致病理论"，他对这个理论颇为认同。如果细菌和疾病存在着某种联系，患者术后的发炎症状，是否就是由于细菌感染造成的呢？要想防止病人的伤口在术后发炎，是否应该在细菌进入伤口之前，就把它们消灭掉呢？

为了践行自己的推测，李斯特提出了一系列术前消毒方法，比如让所有的医护人员在术前把手洗干净，穿上干净的手术服。除此之外，李斯特还将石炭酸溶液作为杀菌剂，在术前将手术室整体喷洒了一遍。

在执行了李斯特的术前消毒程序后，医院里的术后死亡率果然有了惊人的下降！

其实，石炭酸也就是苯酚，它的作用原理是，让细菌中的蛋白发生变性。什么叫变性呢？举例来说，我们平时吃鸡蛋，肯定不会直接吃生鸡蛋，因为生鸡蛋里面有细菌，我们要吃煮熟的鸡蛋。在用高温加热鸡蛋的过程中，生鸡蛋里的蛋白凝固为固体，这个过程就叫变性。

蛋白发生变性之后，里面含有的细菌也就失去了生命力，就不会再对我们的身体造成伤害了，这就是苯酚起到杀菌作用的原理。

李斯特发明的这一系列消毒方法，终于让医学界正视了细菌和疾病的关系。在与致病细菌对抗的道路上，这是人类第一次真正看清对手，正视对手。

# 瓦格纳－尧雷格[1]的曲线治疗

面对细菌感染，人类终于取得了一次大范围的胜利，同时也正式开启了细菌学时代。

但是，由于石炭酸本身含有毒性，只能用来进行外部环境的消毒杀菌，并不能直接作用于人体。那么，解决了外部细菌，人体内部的致病细菌又该如何解决呢？要是想真正地解决细菌致病的问题，光靠外部消毒肯定是不够的，如果人体内出现了炎症怎么办？总不能给病人注射有毒的石炭酸吧！

在人类与致病细菌对抗的道路上，无疑还有很长的路要走。

从冷兵器时代面对伤口时，人类对急症感染的一无所知，到人类一步步看到细菌，认识细菌，了解细菌感染，在对抗致病细菌的历程中，科学家们用术前消毒的方法，取得了初步的胜利。

---

1 瓦格纳－尧雷格（1857—1940）：出生于奥地利。1883 年在一家精神病院任职，从而对精神病学产生了极大兴趣。1887 年发表论文，建议在精神病患者体内感染疟疾以引起热病，起到治疗精神病的作用。

解决了外部的感染问题，科学家们继续探索，将矛头对准了人体内部的致病细菌。为了解决人体内的炎症，必须研制出能够对抗细菌的药物。

说到抗菌药物的出现，就不得不提到一种古老的疾病——梅毒。

梅毒是世界上最古老的感染性疾病之一，主要通过性接触、母婴和血液等方式传播其病原菌——梅毒螺旋体。梅毒患者早期会出现皮肤溃疡、红疹等多种病症，而在晚期未经治疗的情况下，患者的死亡率高达58%！

历史上，欧洲和美洲都曾是梅毒肆虐的地区，梅毒有各种各样的临床表现，病情发展到后期的时候，病菌甚至会入侵患者的大脑，导致大脑出现病变，令病人表现出癫痫、狂躁和发疯等精神疾病症状。

所以，对于晚期病患的治疗，往往需要精神科大夫的介入。

而接下来这段故事的主人公，就是一位奥地利精神科医生——朱利叶斯·瓦格纳 - 尧雷格。

在尧雷格工作的精神科诊所里，有很多病人都是大脑遭到破坏的梅毒晚期病患。

为了治疗这些病人，尧雷格翻阅了大量的文献，他发现了一种很古老的疗法——发热疗法。何谓发热疗法？顾名思义，也就是通过将病人体温升高的方式，将体内的致病细菌杀死。

如何才能让病人的体温升高呢？尧雷格的方法是：让病人得上疟疾。

我们在前面的文章中介绍过疟疾，这是一种由蚊子携带的疟原虫传染给人类的疾病。疟疾的一个典型症状，就是病人会出现持续、反复的高热。疟疾原本是一种极为凶险的疾病，但在尧雷格生活的时代，已经有了治疗疟疾的特效药——奎宁。

看着被病痛折磨得奄奄一息的梅毒晚期病患，尧雷格大胆地设想，与其让他们在痛苦中死去，不如让他们先感染疟疾，试试看持续的高热能否杀死梅毒螺旋体。

于是，尧雷格挑选了 9 名已经出现脑部问题的患者，为他们注射了疟疾病原。

结果，9 名病患中有 6 名患者在高热后，梅毒病情得到了明显的改善，尽管后期还是有 4 名患者的病情复发了，但这样的效果已经令尧雷格足够振奋了。

尧雷格的治疗方式，实际上是绕开了细菌本身的一种曲线治病的方法，虽然能够改善部分患者的症状，但是成功率极低，患者甚至会面临两种疾病的危险。

所以，利用疟疾的高热症状来治疗梅毒，这种方法具有极大的危险性，人们还是需要能够直接和细菌对抗的药物，来治疗这种可怕的疾病。

# 从染料中诞生的抗菌药

19 世纪下半叶，德国在工业化学和医药研发上取得了领先地位，合成染料工业也在德国逐渐成熟壮大。

人造染料不仅影响着时尚和经济领域，刺激了有机化学的发展，更为现代药品的研发，提供了丰富的研究空间。

看到这里，你是不是已经满头问号了：我们不是要讲抗菌药物吗？为什么扯到染料上了？答案是：染料中的一些化学物质，能够只对细菌产生反应，将它们染色，而对人体的正常细胞没有作用，所以，当时的医学界常利用染料来进行药物研究。

治疗梅毒的特效药 606（砷凡纳明），就是在这样的研究背景中诞生的。

19 世纪 70 年代，来自德国的免疫学家保罗·埃尔利希[1]一直沉浸在实验室里研究染料，试图找到一种能够治疗疾病的染料。

终于，他发现某种染料里所含有的砷化合物，具有对抗梅毒的作用。

1909 年，经过一系列的实验之后，这种药物被证明是第一种能够有效治疗梅毒的特效药。德国速来有以研发号来命名药物的惯例，所以埃尔利希就把这种药物称为 606。

在 606 被发明出来之后，人们期望着它除了能治疗梅毒，也能够治疗其他的细菌感染性疾病。非常遗憾的是，606 虽然对梅毒有治疗效果，但是也仅仅针对梅毒，况且砷是有毒性的，人体使用这种药物的副

---

1 保罗·埃尔利希（1854—1915）：德国细菌学家、免疫学家，曾获得 1908 年的诺贝尔生理学或医学奖。较为著名的研究包括血液学、免疫学与化学治疗。保罗·埃尔利希预测了自体免疫的存在，并称之为"恐怖的自体毒性"。

作用很大，因此，606 的治疗功效止步于此。

在确认 606 对于其他细菌性感染疾病无效后，医学界又开始继续寻找染料，很快，一种红色的新染料出现了。这种染料的出现，以及由它研发出的药物，在人类对抗细菌的历史中，起到了非常重要的作用。

发现这种红色染料的人，是德国病理学家格哈德·多马克[1]。

多马克才考上医学院没几天，第一次世界大战就爆发了，当时，他才 19 岁，自愿入伍。

第一次世界大战是一场非常惨烈的近现代战争，很多新式武器被投入使用，比如像坦克这种可怕的钢铁巨兽。大量新式武器的加入，导致的直接后果就是，无数士兵在由金属弹丸构成的"金属雨"当中，不幸丧命。因此，人们又将第一次世界大战中的许多战役，称为"绞肉机式"的战役。

作为一名军医，多马克在战场上看到了令他终生难忘的悲惨景象，许多士兵并没有当场死亡，而是血肉模糊地躺在废墟中，痛苦地呻吟着，大量的士兵并非战死，而是因伤口感染衰竭而死。那一幕幕犹如人间炼狱般的场景，深深地触动了多马克，他强烈地认识到，在细菌面前，人类才是更渺小的存在。

---

1 格哈德·多马克（1895—1964）：德国病理学家、细菌学家。由于发现了能有效对抗细菌感染的药物，而获得了 1939 年的诺贝尔生理学或医学奖。由于纳粹政权的强迫而拒绝领奖，并于一周后遭到逮捕。直到战后的 1947 年，多马克才正式接受了诺贝尔奖。

战后，多马克带着精神和心理上的巨大震撼，成了一名教授病理学和细菌学的大学讲师，同时服务于一家由染料企业资助的药物研究所。

为了研制抗菌药物，多马克在小白鼠身上做了三年的实验，然而一无所获。

直到1932年秋天，多马克发现有一种叫作百浪多息的红色染料，这种染料里面的化学成分叫磺胺，对于致病菌和链球菌有着非常好的抑制作用。

百浪多息的发现和开发，开启了合成药物化学发展的新时代，它也成了世界上第一种商品化的合成抗菌药。百浪多息不仅挽救了多马克女儿的败血症，还成功治好了当时的美国总统富兰克林·罗斯福的儿子的咽喉炎。

那么，百浪多息是如何作用于细菌的呢？

答案是：百浪多息中的磺胺和细菌生长繁殖所需要的营养物质长得很像，所以细菌会误把磺胺当成自己所需要的营养。在吸收了磺胺以后，细菌会因为没有得到真正的营养补充，而不能继续繁殖。

经过了一系列的实验之后，磺胺被证明是第一种能够有效地治疗梅毒的药物。

# 亚历山大·弗莱明[1] 发现青霉素

606 和百浪多息的相继问世，令人类在对抗细菌感染的路上不断前行，但是，人们很快发现了这两种药物的缺陷。

在研发更有质量和效果的抗菌药物时，英国细菌学家亚历山大·弗莱明发现的青霉素，为这段历史打开了全新的篇章。

弗莱明 1881 年出生于苏格兰，13 岁的时候跟随他的兄弟到了伦敦，后来进入伦敦大学圣玛丽医学院学习。和多马克一样，弗莱明同样也参加了第一次世界大战，目睹了人间地狱般的悲惨景象——大多数伤员因为细菌感染而死亡。战后，弗莱明也下定决心，要找到一种药物来消灭细菌。

退役之后，弗莱明一直在伦敦大学圣玛丽医学院简陋的办公室里，坚持研究抗细菌感染的药物。

---

1 亚历山大·弗莱明（1881—1955）：英国细菌学家、生物化学家、微生物学家。弗莱明于 1922 年发现了溶菌酶，于 1928 年首先发现了青霉素。

他在实验室里培养了很多的致病菌，可惜，研究了多年，始终没有得到一个结果。

1928年的夏天，伦敦的天气特别闷热，灰心丧气的弗莱明打算离开实验室，出去度个假，放松一下身心。也许是由于心情太沮丧了，弗莱明在离开的时候，根本没有好好收拾实验室，各种试验器皿散乱堆放。

9月初，弗莱明结束了度假，返回到实验室，一推开实验室的门，他顿时觉得头都大了——残留在培养皿里的物质，全都腐烂发霉了。

在收拾这些试验器皿的过程中，弗莱明意外地发现，有一个葡萄球菌培养皿里发生了不可思议的事情——容器里生满了青绿色的霉菌，而原本在培养皿里生长旺盛的葡萄球菌不见了！

我们家里的面包或酸奶等食物，一旦过了保质期，就很容易发霉，生长出青绿色的霉菌。大家都知道霉菌是对人体有害的，食物如果发了霉，就绝对不能吃了，必须扔掉。谁能想到，这些对人体有毒的霉菌，竟然会对金黄色的葡萄球菌有杀灭功效呢？

但是，培养皿里的霉菌是从哪儿来的呢？

原来，在弗莱明隔壁的实验室里，正在进行和霉菌有关的研究，说来也巧，弗莱明去度假之前，忘了关实验室的窗户，也没有盖好培养皿的盖子，就这样，霉菌从隔壁的实验室飘飘荡荡地跑到了弗莱明的实验室里，进入了盖子敞开的葡萄球菌培养皿。

随后，弗莱明就对霉菌展开了研究，从中提取出了具有杀菌作用的分泌物，并命名为盘尼西林，也就是我们熟悉的青霉素。

# 青霉素的动物实验成功

青霉素可以破坏葡萄球菌的细胞外壁，起到让细菌失去外层保护、快速死亡的作用。

1929 年，弗莱明在《新英格兰》医学杂志上发表了自己的发现，不过，由于弗莱明自身的影响力有限，他的发现并没有引起医学界和药学界的重视。

直到第二次世界大战的中后期，青霉素才得到了大规模的运用。

而从 1929 年到第二次世界大战中后期，虽然弗莱明为人类打开了抗生素的大门，但是由于业内的不重视，以及没有足够的资金支持，弗莱明的后续研究基本停滞了下来，再加上他本人也不太懂生化技术，始终没有成功将青霉素提纯，并作用于临床。

在此之后，青霉素沉寂了近 10 年，这一划时代的发现差一点就被人们忘记了，直到两个人的出现，才让青霉素再次被世人发现。

这两个人中的一个是牛津大学的病理研究室主任——英国病理学家

弗洛里[1]，另一个则是弗洛里的助手，德国生物化学家钱恩[2]。

弗洛里在研究细菌以及抗菌药物领域是非常厉害的，不过他这个人脾气比较古怪，不擅长跟人交流；而钱恩比弗洛里小 8 岁，原本是个钢琴家，手指头非常灵活，钱恩的个性比较张扬，爱出风头。谁也不知道，弗洛里和钱恩二人是怎么走到一起的，而二人性格方面的矛盾，也为后来二人分道扬镳埋下了隐患。

且不说弗洛里和钱恩日后如何分道扬镳，至少在合作之初，二人还是比较有默契的。

当时，二人想要研究抗菌药物，无意中发现了弗莱明几年前发表在《新英格兰》杂志上的论文，他们立即觉得青霉素是一条出路，应该将弗莱明的研究继续下去。

于是，二人便将工作重心转向了针对青霉素的研究。

弗洛里和钱恩对青霉菌培养皿中的活性物质——青霉素进行了提纯，经过 18 个月的艰苦努力，终于提纯出了 100 毫克可以满足为人体肌肉注射的黄色粉末青霉素。

然后，他们将这些青霉素注射到感染了致病性链球菌的小白鼠身上进

---

1 弗洛里（1898—1968）：澳大利亚裔英国病理学家，1941 年当选英国皇家学会会员，1945 年由于发现盘尼西林（青霉素）获诺贝尔生理学或医学奖。

2 钱恩（1906—1955）：德国生物化学家。诺贝尔奖评奖委员会并没有受舆论的蒙蔽而将 1945 年的诺贝尔生理学或医学奖只授予弗莱明一人，作为弗莱明的合作者，二人共同获得了诺贝尔生理学或医学奖。

行实验，实验的结果让所有人都为之振奋，小白鼠奇迹般地活了下来！

在这一年的 8 月，弗洛里和钱恩将对青霉素重新研究的全部成果，刊登在了著名的《柳叶刀》杂志上。

1940 年 9 月 2 日，59 岁的弗莱明闻讯赶到了牛津，会见了 40 岁出头的弗洛里和 30 多岁的钱恩，并把自己培养了多年的青霉菌菌种全部送给了他们。

# 青霉素的批量生产

青霉素的第一次人体临床应用，发生在 1941 年。

当年，有一名 43 岁的警察，他在修剪花园的时候，不小心被花木刮伤了脸部，结果引发了严重的感染。

医院用当时的主流药物百浪多息，也就是磺胺，为他治了很久，但没有任何效果。得知了这个消息后，弗洛里赶到医院，他将从实验室里纯化而成的青霉素，注射到了受伤的警察体内。

连续注射了五天之后，受伤警察的病情有了明显的好转。

可惜半个月后，这名警察还是因为伤口恶化而去世了。

明明青霉素已经起了效果，为何病人还会离世呢？原因在于，弗洛里手中的纯化青霉素的量太少了，不足以应对病人严重的伤口感染。

这件事令弗洛里深刻地意识到，战胜细菌感染这一战的关键，在于提高纯化青霉素的产量。

然而要研究青霉素的量产，需要大量的科研经费，而当时英国正处于第二次世界大战最危险的阶段，国内的经济状况已经非常窘迫，政府根本无法为青霉素的量产研究提供更多的资金。

为了维持研究，弗洛里只能节衣缩食，百般节俭。

有一次，钱恩的一笔开销，超出了预算 20 英镑。弗洛里大发雷霆，并在之后的数年耿耿于怀，时常责怪钱恩的这次失误。弗洛里和钱恩的性格本身就不合，此时因为钱而产生的不愉快，更是直接让两人的合作关系，产生了难以修复的裂痕。

1941 年，当弗洛里决定要带着研究成果到美国去，寻找大规模生产机会的时候，甚至都没有提前通知钱恩一声，就一个人不声不响地离开了。

弗洛里抵达美国之后，顺利地跟美国北方实验室达成了合作意向，共同进行青霉素的量产研究。

到了 1941 年 12 月，珍珠港事件爆发，这促使美国一改孤立派的态度，宣布跟日本开战。越来越激烈的战事，让更多的士兵因伤口感染而死，亟须青霉素来挽救生命。

到了 1944 年，第二次世界大战进入了反攻阶段，青霉素终于可以大批量生产了！

就这样，一支一支被分包包装好的青霉素，源源不断地提供给了参战的英美同盟军，野战医院和医疗分队都得到了充足的青霉素供应，由细菌感染而死亡的士兵数量瞬间减少，青霉素被人们亲切地称为救命药，名满天下。

在盟军当时推出的一张宣传画中，就画有这样的场景：一名卫生兵正在为一位受伤的战友进行紧急救治，在这张图中的醒目位置，赫然是一个盛放着青霉素的培养皿，而这张宣传画的主题就是：感谢盘尼西林，它将带我回家。

短短一句话，充分体现出了士兵们对于青霉素满满的感谢。

# 是救命神药还是毒药？

批量生产的青霉素，被送至第二次世界大战的战场上，挽救了无数人的生命。

然而，就在青霉素得到广泛应用后，却出现了因为使用青霉素而休克死亡的患者，救命药为何会一夜间变成毒药呢？

原来，这是人体对青霉素的过敏反应。

青霉素过敏的症状因人而异，常见的过敏反应包括皮疹和发热等，严重的时候，会出现过敏性休克，危及生命。

不过很快，人们发明了皮试[1]法，有效地解决了青霉素过敏的问题。

---

1 皮试：某些药物在临床使用过程中容易发生过敏反应，如青霉素，皮试是皮肤（或皮内）过敏试验的简称，是临床最常用的特异性检查。

没有了过敏的后顾之忧，人们开始放心大胆地使用青霉素了，但随之，一个新的问题出现了——很多人都把青霉素视为了"包治百病的神药"，不论是头疼脑热、感冒发烧还是四肢酸痛，只要身体哪里感觉不舒服，都可以用吃青霉素来解决。

而随着第二次世界大战的结束，医药水平显著提高，又出现了很多跟青霉素类似的消炎抗菌药物，我们将它们统称为抗生素。一时间，人们将抗生素视为世间唯一的灵药，甚至闹出了很多令人啼笑皆非的笑话。

当时有一幅广为流传的讽刺画，画的是一名司机在打瞌睡的同时，把一颗口服的青霉素丢进了嘴里。他为什么要这样做呢？因为当时谣传，青霉素的提神功效比咖啡更好。甚至，有些父母还把青霉素溶到果汁里，让孩子喝下，用以治疗孩子食欲不振和挑食的毛病。

无节制地滥用抗生素，导致了严重的后果——原本用几万单位的抗生素就能治疗细菌感染，演变为用几十万单位也于事无补。

为什么会发生这样的事呢？

因为过度频繁地、没有根据地滥用抗生素，直接导致人体内和环境中的各种细菌，都产生了耐药性。

细菌的耐药性，是指抗菌药物对于细菌的作用明显降低，甚至是失效。

长期使用抗生素后，那些容易被杀死的细菌不断被消灭，而原本就难以被消灭的细菌，则会越来越强大，甚至将对抗药物的强大能力传给了下一代。如果这种情况继续恶化下去，最终会使人类在遭受细菌感染时，面临无药可用的境地。

细菌耐药性的提升，令抗生素的功效大打折扣，原本打一针就能消除的炎症，现如今打三五针也于事无补。

世界各国都极为关注细菌耐药性的问题。在我国，为了防止滥用抗生素，如今已经开始对抗生素进行严格防控，没有医生开具的处方，是无法购买到抗生素药物的。

抗生素的耐药性，正如当年的细菌一样，威胁着人类的健康。

因此，发展新型抗生素势在必行。

为了提高全世界人民对于抗生素的正确认识，普及抗生素的科学用法，世界卫生组织将每年 11 月的第三周，定为世界提高抗生素认识周。

世界卫生组织向全世界郑重呼吁：抗生素不是万灵药，请一定要严格按照医务人员的建议，合理而科学地使用抗生素！

# 结　语

从发现细菌到认识到细菌与人类疾病的关系，再到研究抗生素对抗细菌，在对抗细菌的路上，人类付出了艰辛的努力，虽然不断走弯路，但从未放弃。

青霉素的发明，开启了抗生素治疗细菌感染性疾病的新纪元，但抗生素滥用和耐药细菌的出现，也是人类现如今面临的最大难题。

其实，细菌也好，病毒也好，它们都是微生物的一种，天然就在地球上存在，跟我们一起享有地球的资源。甚至，微生物存在在地球上的时间，要远远超出人类诞生的时间节点。

因此有人说，与其说人类与致病细菌之间是一场战争，倒不如说，这是人类繁衍过程当中为了达到平衡，为了让自己过上更好生活的一种努力。

希望这种努力，最终能将我们带入更加美好的未来。

NO.9 人类如何战胜天花

　　大约在 1 万年前，天花病毒开始出现在地球上，迅速成为世界上传染性最强、死亡率最高的疾病之一。

　　作为人类史上最为古老的疾病之一，在漫长的岁月里，天花无情地侵扰着人类的健康。不分种族、不分贵贱、不分年龄和性别，感染天花的患者都会出现全身发炎、长满脓疮的症状，死亡率高达 30%。

　　在相当长的时间内，人类对天花没有任何治疗办法，仅 18 世纪，全世界死于天花的人数已经超过了 1.5 亿人。到了 20 世纪，天花在全球夺走了超过 5 亿人的生命。

　　天花，一度成为令全人类闻之色变的恐怖疾病。

　　最古老的病毒，如何能肆虐人间数千年？

　　面对天花，人类是如何从愚昧走向文明，并最终获得人类抗击病毒史上的辉煌胜利的呢？让我们一起来见证人类的"天花剿灭战"吧！

# "种族屠杀者"天花

2019 年 9 月 16 日，俄罗斯新西伯利亚[1]地区的科尔索沃发生了一起看似普通的天然气爆炸，并导致一家研究中心的实验室起火。

爆炸仅仅发生 4 分钟后，火势就被迅速扑灭，并且爆炸并未破坏研究中心的建筑主体，但这起事故，立即引起了来自全球各国非同寻常的高度关注，甚至被俄罗斯当局定性为重大事件。

火灾在世界上并不稀奇，可以说每时每刻都有可能发生，为什么俄罗斯远东地区的一家实验室着了火，就会引发人们如此的关注，甚至会引发很多人心中的强烈不安呢？

我们不妨来看一下这家实验室的背景吧。它是俄罗斯国家病毒学与生物技术研究中心，里面存放着现代医学史上已知的最知名的病原体之一，也是人类历史上最古老的病毒——天花病毒。

目前，全球仅保留了两份样本，其中之一就保存在俄罗斯的这家实

---

1 新西伯利亚：新西伯利亚州首府，俄罗斯西伯利亚最大城市和经济、文化、交通中心。

验室里。

所以，当这家实验室发生火灾后，人们自然非常担心，存放在里面的天花病毒会泄漏而出，导致人群的大面积感染。

距统计，在目前人类短短上万年的历史当中，天花病毒至少夺走了5亿人的生命。即便是侥幸从天花病毒的魔爪下生还，幸存者的脸上也会留下永久的疤痕。

在史学界，有人将天花病毒称为"人类历史上最大的种族屠杀者"。

这场发生在俄罗斯的火灾事故，虽然没有造成病毒外泄，却唤醒了很多人对于天花杀人的恐怖回忆。

# 谁是第一个感染天花的人

世界上第一个感染天花的人是谁呢？

目前，我们尚未在史书中找到明确的记载，但是，我们可以在一些出土的古尸上，找到相关的印证。

上文我们提到了，如果一个人在感染天花后侥幸生还，那么他的面部会留下非常明显的疤痕，具体说来，也就是在面部留下大大小小、坑坑洼洼的麻点。

1912年，考古学家们在一具木乃伊的身上发现了很多疤痕，疤痕主要集中在面部、脖颈和臂部，从疤痕的大小和样式来判断，应该就是得天花而出的脓疱。

据考证，这具木乃伊的主人，应该是在公元前 1145 年去世的，而且，他还是个响当当的人物——古埃及第二十王朝的国王——拉美西斯五世[1]。

按照古埃及的王室丧葬习惯，法老死后，要先将尸体的内脏和大脑去除，在身体内装满泡碱，制成木乃伊之后的第 70 天，安放进陵寝。然而拉美西斯五世的尸体，直到他的继承人继位的第二年，才被制成木乃伊并安葬。

为什么拉美西斯五世的尸体会被延迟下葬呢？

考古学家、历史学家和科学家们对此经过反复的推演，得出了一个大胆的推测——这位古埃及法老，极有可能就是死于天花。

由于害怕感染上跟法老一样的疾病，或者说，当时城内的天花病毒已经扩散得极为严重了，人们已经疲于应付这不知来自何方的可怕疾病，这才推迟了拉美西斯五世的下葬时间。

因此，拉美西斯五世就成了目前世界上已知的、最早的、有名有姓的天花感染者。

---

1 拉美西斯五世：拉美西斯四世之子，公元前 1149 年开始统治，统治时期，埃及第二十王朝开始衰落。公元前 1145 年，拉美西斯五世突然死亡，据后世考古研究，拉美西斯五世可能死于天花。

# 古希腊人笔下的天花

因为没有确切的文字记载，关于在古埃及时期，天花到底肆虐到了什么程度，我们不得而知。

但是在古希腊文明[1]时期，我们可以找到有关的确切文字记述。

古希腊文明崛起于公元前8世纪，是西方文明的起源，古希腊地区的艺术、经济和科技的高度发达，产生了光辉灿烂的希腊文化。

然而，公元前4世纪，在希腊最大的城市雅典，一场始料未及的大瘟疫开始蔓延。

在古希腊著名的历史学家修昔底德的《伯罗奔尼撒战争史》[2]当中，曾经有一段记录，描写人们患上了一种非常可怕的疾病，今天我们根据

---

1 古希腊文明：西方文明的源头之一，持续了约650年（前800—前146），西方有记载的文学、科技、艺术都起源于古希腊。古希腊不是一个国家，而是一个地区称谓，位于欧洲东南部。

2《伯罗奔尼撒战争史》：古希腊历史学家修昔底德创作的历史著作，全书讲述了伯罗奔尼撒战争是以雅典为首的提洛同盟与以斯巴达为首的伯罗奔尼撒联盟之间的一场战争，几乎涉及了当时整个希腊世界。

这些文字进行推测，修昔底德记录的很有可能就是一场非常可怕的天花病毒：

身体完全健康的人突然开始头部发烧，眼睛变红，发炎；口内从喉中和舌上出血，呼吸不自然，不舒服。其次的病征就是打喷嚏，嗓子变哑；不久之后，胸部发痛，接着就咳嗽。以后就肚子痛，呕吐出医生都有定名的各种胆汁。这一切都是很痛苦的。大部分时间是干呕，产生强烈的抽筋；到了这个阶段，有时抽筋停止了，有时还继续很久。抚摸时，外表上身体热度不高，也没有现苍白色；皮肤颇带红色和土色，发现小脓疱和烂疮。……因为这种疾病首先从头部起，进而轮流影响到身体的各个部分，纵或病者逃脱了最恶劣的影响，但是在身体的四肢还留下它的痕迹：它影响生殖器、手指和脚趾；许多病后复原的人丧失了这些器官的作用；也有一些人的眼睛变瞎了。

12 世纪末，有一位君士坦丁堡的诗人，名叫西奥多·普罗德罗莫斯，他也感染了天花，但他侥幸活了下来。

不过，在病愈之后，他的头发全都掉光了，脸上也留下了斑驳的疤痕。劫后余生的西奥多·普罗德罗莫斯详细记录了自己患病时的可怕情形：

在发热、呕吐三天后，一开始，我全身上下突然长出无数雹子，从头顶直到脚趾，无一处幸免。

是的，我正是要叫它们雹子，因为它们白色球状的外形和雹子实在很像。

我身上好像燃着很多火把，身体被它们不断地猛烈灼烧……

到了第七天，那些水泡渐渐变成了惨不忍睹的脓疱。你见过暴雨倾泻在湖面上的情形吧？想想看，整个湖面由于水泡紧紧挤在一起而变得膨胀起来，而当时我不幸的身体就变成了这副模样。

西奥多·普罗德罗莫斯对于自己罹患天花的记录，也是欧洲人第一次对天花进行的详细文字记载。

然而，西奥多·普罗德罗莫斯在写下这段文字的时候，一定没有想过，他笔下"暴雨倾泻在湖面上的情形"，在随后的几个世纪里，将成为长期笼罩在欧洲上空的噩梦。

# 阿兹特克文明的陨落

16世纪，随着文艺复兴的深入，欧洲的文化、科技和经济等领域，都得到了巨大的发展，催生了大航海时代[1]的到来。

这一时期，欧洲的船队出现在了世界各处的海洋上，西方文明扩展至全世界。

同时，帝国主义、殖民主义与自由贸易也开始出现。在遥远的美洲

---

1 大航海时代：地理大发现，又名探索时代或发现时代、新航路的开辟，15—17世纪，欧洲的船队出现在世界各处的海洋上，寻找着新的贸易路线和贸易伙伴，以发展欧洲新生的资本主义。

大陆，美洲古代三大文明之一的阿兹特克文明[1]，正处在最辉煌的时期。

鼎盛时期的阿兹特克人绝对不会想到，即将到来的欧洲人，正给他们带来一场灭顶之灾。

无论怎样去掩饰和修改历史，欧洲人都必须承认一个事实——正是因为欧洲人的入侵，整个美洲地区的原住民才会大量无辜死亡。

1519年，西班牙冒险家埃尔南·科尔特斯[2]率领着一支不足千人的军队，入侵了当时的阿兹特克地区。

埃尔南·科尔特斯和他的同伙的贪婪暴行，引起了阿兹特克人的强烈抵抗。

从人数上来看，西班牙人明显不是阿兹特克人的对手，但是历史就是这么奇特，似乎是在一夜之间，阿兹特克文明就在西班牙人的手中毁于一旦。

关于阿兹特克文明的陨落，人们总结出了无数原因，比如说，因为在阿兹特克人的史诗和传说当中，最后的救世主是一位骑着神兽的白人，于是阿兹特克人就把骑着马的西班牙白人，误认为是来拯救他们的神明，所以就没有进行强烈的抵抗。

还有一种说法，认为阿兹特克文明的陨落，正是由于天花病毒的无

---

1 阿兹特克文明：墨西哥古代的阿兹特克人所创造的印第安文明，是美洲古代三大文明之一。主要分布在墨西哥中部和南部，形成于14世纪初，1521年为西班牙人所毁灭。

2 埃尔南·科尔特斯（1485—1547）：西班牙贵族，大航海时代西班牙航海家、军事家、探险家，阿兹特克帝国的征服者。

情打击。

这些从西班牙远道而来的侵略者，带给美洲原住民的不仅仅是屠杀，还有来自欧洲大陆的可怕病毒，其中最凶猛的就是天花。

按照阿兹特克人的战斗习俗，他们在俘虏了战俘之后，要举行一场很盛大的祭天仪式，以庆祝战争获胜。

在仪式当中，被俘虏的战俘要被割去舌头，还要被放血，最后被放到祭坛上，直接活体解剖，把心脏挖出来祭天。在这个过程中，通过血液、皮肤以及内脏的接触，直接导致天花病毒在悄无声息中被传染给了阿兹特克人。

有关天花导致阿兹特克人大批死亡的说法，在一些国外的历史文献中，也有不少记载，比如有一份史料中记录，在西班牙人和阿兹特克人的一次两军交锋之后，阿兹特克人去打扫战场，准备掩埋自己战士的尸体，在这个过程中，他们发现了一具非常奇特的尸体，这具尸体的肤色既不是当地人的颜色，也不是欧洲人的颜色，而是接近于黑色。

阿兹特克人从没见过这种颜色的尸体，将之视为异象，并引来了大批的阿兹特克人前来围观，在围观的过程中，尸体内的天花病毒，就这样传染给了阿兹特克人。

生活在美洲大陆上的原住民们，从来没有接触过天花病毒，体内没有丝毫的免疫抗体，当天花在印第安部落中迅速蔓延开后，印第安人大批死亡，最终导致阿兹特克文明的崩溃。

不管阿兹特克文明的陨落，是否真的是由于天花病毒的蔓延，但对这些从来没有接触过天花的古老民族来说，天花绝对是形同死神一般的存在。

# 灭君狂潮和幸存的女王

根据后世的史料记载，在天花传入美洲之后的 100 年当中，当地原住民的人口锐减，最后竟然只剩下了不足十分之一。

在这个天花疯狂蔓延的时期，不仅仅是老百姓深受天花的困扰，哪怕是生活在帝王之家的皇族贵胄，面对天花的时候也同样是束手无策。

在 16—18 世纪的欧洲，天花病毒掀起了一场空前绝后的灭君狂潮！

200 年间，天花导致了一位英格兰女王（玛丽二世）、一位神圣罗马帝国皇帝（约瑟夫一世）、一位西班牙国王（路易一世）、一位俄国沙皇（彼得二世）、一位法国国王（路易十五）和一位瑞典女王（路易莎·乌尔里卡）离世。

在这场让欧洲王室损失惨重的灭君灾难当中，唯有一位女王幸存了下来，她就是赫赫有名的伊丽莎白一世[1]。

---

1 伊丽莎白一世（1533—1603）：即伊丽莎白·都铎，都铎王朝的最后一位英格兰及爱尔兰女王（1558 年 11 月 17 日—1603 年 3 月 24 日在位）。1559 年 1 月 15 日，伊丽莎白正式加冕成为英国女王。

在现今留存下来的人物图片中，我们几乎看不出伊丽莎白一世女王得过天花的痕迹，图片中的女王有一头漂亮的头发，脸上的皮肤也很白皙平滑，丝毫没有任何面部麻点和脱发的症状，这是怎么回事呢？

不如让我们先回顾一下伊丽莎白一世女王罹患天花的经过吧。她是在 29 岁那年感染上天花病毒的，被感染后，女王很快就命在旦夕了，御医们采用了各种各样的治疗方法，比如催吐排毒法——灌下马粪和老鼠胡子熬制的汤药、热疗法等。

这些稀奇古怪的治疗方法当然都不管用了，女王高烧不退，昏迷不醒，就这样折腾了好多天，最终，她奇迹般地活了下来。

幸存下来的女王，自然也留下了满脸的坑坑洼洼的麻点，一头秀美的头发也所剩无几。身为堂堂大英帝国的元首，她怎能以这样一副悲惨的面容出现在世人面前呢？这实在是太有损君王的威仪了，不仅老百姓受不了，女王自己都受不了。

为了让自己恢复一国君王的仪容，女王开始命人为自己制作假发，并使用大量的胭脂，涂抹在脸上，遮挡住满脸坑坑洼洼的麻点。

没想到，女王用来遮挡自己秃头的假发和遮挡面目瑕疵的所谓"化妆术"，居然在上流社会流传开来，蔚然成风。

一时间，欧洲上流社会的男男女女都流行佩戴假发，在脸上涂脂抹粉。这或许是人类在对抗可怕的病毒时，无意中所体现出的幽默和乐观精神吧？

# 富人的克星

由于欧洲人长期接触天花病毒，他们体内渐渐就产生出了一些抗体。

在与天花病魔抗争的时候，这些抗体肯定是能够起到一定的作用的。当然，在这个过程中，欧洲人也发明了很多稀奇古怪的治病方法，比如放血疗法，灌马粪和老鼠胡子汤的催吐疗法，甚至还有用烙铁去烙疹子的方法。

这些夸张的方法，到底能起到什么疗效呢？当然是仁者见仁、智者见智了。事实上，那些从天花病毒的魔爪下侥幸活下来的人，几乎都是得益于他们体内的那些抗体。令他们生还的唯一原因，就是人体的自愈能力。

1682 年，有一位名叫西德纳姆[1]的英国医生，做了一项有趣的统

---

1 西德纳姆（1624—1689）：英国内科医师。他强调医生应将治疗病人的疾病放在首位。他的主要贡献有：重视疾病的临床系统观察；对某些疾病做了精确的描述，如舞蹈病、痢疾、痛风、疟疾、麻疹、天花、猩红热、梅毒和结核病；在治疗方法上进行革新，特别是对热病的处理，如对天花病患者采用冷却法，使用铁剂治疗贫血等；根据希波克拉底学说，分析疾病的性质及其流行季节、年份和年龄分布的变化等。

计——在罹患天花之后，富人和普通百姓这两个群体，哪一个群体的死亡率更高？

按理说，权贵阶层有条件接受更好的医疗条件，有更好的休养环境，死亡率理所应当低一些。

然而统计结果却正好相反，西德纳姆发现，相比于那些因为请不起大夫只能躺在家里等死的穷人，花大钱去请名医治病的有钱人，死亡率反而要更高。

为什么积极进行治疗的有钱人，反而治不好病呢？

答案显而易见，在上文已经提到，即便是权贵如伊丽莎白一世女王，她能接受的都是什么样的治疗？放血治疗、被灌下马粪和老鼠胡子汤催吐、用烙铁去烙疹子……所谓欧洲名医，采用的都是这样的治疗方法，对罹患了天花、已经虚弱得命悬一线的病人来说，这样的治疗哪里是治病？分明是催命！

就这样，有钱请医生的富人，反而比没钱治病的穷人，死亡率更高。

# 天花在中国古代

从拉美西斯五世的离奇怪病，到古希腊诗人记载的模糊描述，人类逐渐认识了天花这种疾病。

令人闻之色变的天花，不但造成了阿兹特克文明的陨落，也在欧洲掀起了一场恐怖的灭君狂潮。而各种错误的治疗方法，也导致了欧洲疫情的进一步加剧。

那么，在遥远的东方，人们是不是能够在天花病毒的魔爪下幸免于难呢？

我们中国人，是什么时候开始与天花有所接触的呢？

根据现存的文献记载，至少在汉晋时期，中国人就已经接触到天花了，在晋代葛洪[1]的《肘后备急方》当中，就有这样一段明确的描述：

比岁有病时行，仍发疮头面及身，须臾周匝，状如火疮，皆戴白浆，随决随生，不即治，剧者多死。

治得差（今作"瘥"）后，疮瘢紫黑，弥岁方灭。

此恶毒之气。

这段话的意思是：当时暴发了一种时疫，得了病的人身上会长疮，从头面开始，逐渐蔓延到全身，看起来就像是被火烧伤后的水疱一般，并且会冒出白色的脓液，戳破后还会再长出新的，若不及时治疗的话，病情就会迅速恶化，大多数病人都会死去。哪怕是病治好了，病人身上也会留下瘢痕，至死都不会消除，这是一种恶毒之气。

据说在永徽年间，城内由西向东地暴发了时疫，在《肘后备急方》里，葛洪也提出了一些治疗方法，其中有几种方法比较典型，比如以葵菜为药。今天已经没有葵菜这种蔬菜了。总之，按照葛洪的方法，将葵

---

1 葛洪（约281—341）：字稚川，自号抱朴子，丹阳句容（今属江苏）人。东晋道教理论家、著名炼丹家和医药学家，世称小仙翁。

菜煮熟了之后，配上蒜末一起食用，就可以治疗天花。

今天我们肯定都知道，葵菜配大蒜是治不好天花的，这个方法是没有科学依据的。

葛洪提出的另一个方法是这样的：取好蜜通身上摩，亦可以蜜煎升麻，并数数食……也就是用蜂蜜外敷内服。这当然也是治不好天花的。

不过，葛洪在《肘后备急方》里，倒是提到了这种"恶毒之气"的由来：以建武中于南阳击虏所得，仍呼为虏疮……意思是说，这种病是建武中期，去南阳打仗带回的俘虏身上传过来的，所以得名为"虏疮"。

对于虏疮的由来，今天人们有多种看法，一种看法认为，虏疮是从南边来的；还有一种看法，认为虏疮是从北边来的。按照前一种看法，事情大概发生在公元42年，东汉皇帝刘秀[1]派遣自己的大将伏波将军马援去南方平叛。

平叛胜利之后，将军从南方带回了大量的俘虏，这些俘虏身上就携带了可怕的天花病毒，导致随行的大量士兵死亡。很多人认为，这就是天花在中国传播的过程。

还有一种看法，认为早在东汉之前，甚至在先秦时期，在中国内地人与北方少数民族打仗、贸易往来和文化交流的过程当中，就已经经由草原，将天花病毒传播到了中国大地。

总之，不论天花病毒是通过什么方式传播到中国的，当时中国人都将之称为虏疮。

---

1 刘秀（前5—57）：字文叔，南阳郡蔡阳县（今湖北枣阳西南）人。东汉开国皇帝，汉高祖刘邦九世孙，汉景帝之子长沙定王刘发后裔。

而且，起码是从战国年间开始，中国人就已经要面对天花的无情屠戮了。

# 中国的人痘接种术

面对天花的传入，中国古代的医生们，开始了漫长的治疗抗争。

在与天花的顽强斗争中，中国古代的医生们慢慢总结出了一条极为重要的经验：得过天花后幸存下来的人，就不会再次患上天花！

这意味着，患过天花的人，就等于获得了终生抵抗天花的能力，于是，以毒攻毒的治疗理念，就出现在了中国。

那么，这个以毒攻毒的疗法，到底有没有效果呢？

在清代，有一位名叫朱纯嘏[1]的名医，他写了一本书，名叫《痘疹定论》[2]，其中记录了这样一个故事：

---

1 朱纯嘏（1634—1718）：清代医学家，字玉堂。他对痘疹之证研读尤深，曾为宫廷种痘，有效防止天花蔓延，后曾赴内蒙古地区种痘，亦颇有成果。所著《痘疹定论》，系有关痘疹之重要著作之一。

2《痘疹定论》：痘疹专著，共四卷。作者师法聂尚恒《活幼心法》的治疗原则，结合临床实践对痘疹的病理、症状、诊断及治法都做了较详细的叙述，并介绍了用人痘接种预防的历史和方法，在辨证论治方面颇有见地。

宋真宗年间，宰相王旦先后有过几个子女，然而都陆续不幸死于天花。

在王旦晚年的时候，好不容易又生下了一个儿子，取名为王素。王旦生怕这根独苗再死于天花，于是遍访名医，想要防止王素染上天花。

后来，王旦遇到了一位四川医生，得知在四川的峨眉山，有一位神医有这样的本事。王旦赶紧把这位峨眉山的神医请到开封，让他为自己的儿子施展这神奇的预防天花之术。

那么，这位神医是怎么做的呢？

他先找来了一些得过天花的病人，把他们身上已经结痂的脓疱上的痂揭了下来，碾成粉末，吹进了王素的鼻孔之中。

很快，王素出现了一些感染天花的轻微症状，但是病情并没有恶化，没有危及生命，很快就恢复了健康。

而在王素之后的一生中，他果然就没有再感染过天花，健康地活到了 67 岁。

朱纯嘏记录的这个预防天花的故事，在古代人的眼中，确实是太神奇了。

不过，在今天的人们眼中，就不神奇了，因为这其实就是种痘术。

什么是种痘术呢？简单来说，就是让没有得过天花的人，通过接触微量的天花病毒，从而感染一次轻微的天花。这样操作，既不会令人因为天花而丧命，还能在痊愈后获得终生天花免疫的能力。

中国古人发明的以预防为目的的"人痘接种术"，为人类和天花之间的战斗做出了重大的贡献。

关于如何种人痘，中国的古人总结出了多种方法，下面为大家介绍一下最常见的四种：

第一种，痘衣法，也就是把出过天花的患者的衣服，给被接种者的人穿一下，目的就是人为地让没有出过天花的人，感染一次天花病毒；

第二种，痘浆法，就是从天花病人身上的脓疱中取出脓浆，用棉花蘸一蘸，塞在被接种者的鼻孔当中，让被接种者感染天花病毒；

第三种，旱苗法，把天花康复者身上的结痂揭下，研成粉末，再将粉末吹到被接种者的鼻孔中；

第四种，水苗法，将天花康复者身上的结痂研磨成粉末，然后用水稀释，再用棉花蘸上，塞入被接种者的鼻孔当中。

显而易见，痘衣法和痘浆法是比较危险的，很难控制剂量和被接种者感染后的病情，所以逐渐被淘汰了，而旱苗法和水苗法则被保留了下来。

# 康熙帝推广人痘接种术

在人痘接种术出现后的数百年间，中国人虽然找到了预防天花的方法，但是这种方法只是在民间秘密流传，并没有得到广泛的传播。

直到清代，人痘接种术才因为一位皇帝的出现，而得到了大规模的推广。这位皇帝，就是著名的康熙帝。

大家可能不知道，康熙帝小时候也曾经得过天花，还因此被送出皇宫去进行治疗。

据说，正是因为康熙皇帝曾经得过天花，所以顺治才把他作为皇位的第一继承人。对于这种说法，我们可以在汤若望[1]撰的《回忆录》中，找到一些佐证。

汤若望是一位来自西洋的传教士，深得顺治、孝庄和康熙的信任。据说顺治甚至用满语中的"爷爷"一词，来称呼汤若望，还跟汤若望学习了不少西洋的历法、计算等现代科学知识。

在《汤若望传》当中，汤若望记录道，顺治帝曾就由谁来继承大统之事，来征询过他的意见。对此，汤若望是这么回应的，在顺治帝的众多皇子中，只有小小的玄烨得过天花，而人只要得过一次天花，就一辈子都不会再感染了，也就是说，玄烨不会再受天花的侵扰，很适合做太子。

当然，这只是汤若望的一家之言，关于顺治帝是否真的就继承大统的人选之事征询过汤若望，甚至顺治帝本人是否死于天花，正史中没有任何相关记载。

不管康熙帝是不是因为曾经得过天花，才因祸得福地得以继承大统，但在康熙帝继位后，的的确确是想出了很多办法去对付天花。

比如，康熙帝向太医们征询了很多意见，也到民间去收集了大量的偏方，最终在康熙十七年（1678）的时候，选定了一种方法，也就是我

----

1 汤若望（1591—1666）：字道未，德国天主教耶稣会传教士。1620 年（明万历四十八年）来到澳门，在中国生活了 46 年，历经明清两朝，是继利玛窦之后最重要的来华耶稣会士之一。

们在上文提到的人痘接种法。

确定了方法后，康熙帝征召了很多擅长此法的医生入宫，其中就包括了《痘疹定论》的作者朱纯嘏。在康熙帝的授意下，医生们先在康熙帝的子女及皇室子弟身上接种了人痘，在确认了效果确实不错后，康熙帝便力排众议，将人痘接种术推广到了全国，就连边疆地区也实施了人痘接种术。

就这样，在康熙帝的倡导和推动之下，清代朝野总结了前人的防痘经验，对天花的防治进一步系统化和科学化。到了乾隆时期，用人痘接种来预防天花的办法，还被写入了皇家医学百科全书——《医宗金鉴》，这意味着种痘技术正式得到了官方的认可。

法国著名的哲学家伏尔泰[1]在1733年所写的《哲学通信》一书当中，如此盛赞人痘接种术：

我听说100年来中国人一直就有这种习惯；这是被认为全世界最聪明、最讲礼貌的一个民族的伟大先例和榜样。

1 伏尔泰（1694—1778）：原名弗朗梭阿·马利·阿鲁埃，18世纪法国启蒙思想家、文学家、哲学家，18世纪法国资产阶级启蒙运动的泰斗，主张开明的君主政治，强调资产阶级的自由和平等，代表作有《哲学通信》《路易十四时代》《老实人》等。

# 人痘接种术传入欧洲

中国人发明的人痘接种术，其实就是早期的天花疫苗。

虽然没有具体的统计数据，但在康熙一朝推广人痘接种之后的 200 年间，皇族内部再鲜有得天花而死的记录。

中国的人痘接种术的成功，很快就引起了世界各国的关注。

1688 年，俄罗斯派人到中国学习种痘术，这是有文献可考的最早派学生到中国学习种痘方法的国家；人痘接种术也传入了土耳其，在那里，人痘接种术又得到了进一步的改良和发展。

1716 年，一位英国贵妇随丈夫从天花流行的英国到土耳其赴任，搬到土耳其后不久，这位贵妇就有了一个奇怪的发现，她写信将这个奇怪的发现告诉了英国的好友：

天花，如此致命而在我们中间又那么普遍，在这儿却因了"嫁接术"（ingrafting）——他们用的一个术语——的发明而毫发无损。这里有一批老妇人每年秋天以施行此术为业。9 月时大热天已经过去，人们互相传告，使那些家中有人想种痘的家庭知晓。他们就此聚在一起（通常有十五六人），那老妇人带着那些用果壳盛满的最好的痘浆而来，她会问喜欢哪里的静脉去切开。据此她很快用一枚大针将之划开（这使你不会感到比普通抓痒更痛）；随之用针蘸上尽可能多的毒液放进划开口子的静脉内；接着就包扎一片有一点凹陷的贝壳在小伤口上。

这位贵妇，正是新上任的英国大使蒙塔古先生的夫人，这位大使夫人很快从土耳其老妇人组成的"天花帮"那里，学会了种痘技术，回到英国后，她立即给自己的女儿种了痘。

此后，包括威尔士亲王、奥尔良公爵等等上流社会的人物，也纷纷接种了人痘。

之后，人痘接种术又从英国传到欧洲大陆，甚至越过大西洋，传到了美洲。

人痘接种术的发明，绝对是人类对抗疾病史上的一次非常重大的贡献，它使我们人类不仅仅有了对抗天花的武器，更让我们对免疫有了新的概念。

然而，人痘接种术传入欧洲之后，效果并不十分尽如人意。

首先，这个方法本身并不是绝对安全的，它不等同于我们今天的解毒灭活疫苗，它的生物活性还是非常强大的，在这种情况下，如果是体质不够好的接种者，在接种的过程当中，会发展出非常可怕的天花症状，甚至导致死亡。

其次，我们中国人发明的方法，到了欧洲之后，被当地人进行了改良，但是改得面目全非，欧洲人把自己原本的一些稀奇古怪的医疗方法塞了进去，比如，他们要求接种者必须先进行放血和节食，把人折腾得形销骨立、营养不良了之后，才进行接种，这就大大降低了人痘接种术的成功率。

所以，哪怕是在人痘接种术传入欧洲之后，整个 18 世纪，欧洲每年仍有 40 万左右的人口死于天花。

# 爱德华·詹纳[1]的大胆实验

两晋时期著名的医药学家葛洪首先记录了天花传入中国的由来，以及应急治疗的方法；宋代出现的人痘接种术，让人类看到了战胜天花的希望；经过康熙皇帝的推广，人痘接种术传到世界各地，但是始终没有帮助人类真正战胜天花。

直到人痘接种术传入英国的 70 多年后，一个年轻人的出现，人类才真正找到了对抗天花的武器。

这个年轻人名叫爱德华·詹纳。

据说，詹纳小时候就曾得过天花，深受天花病痛的折磨，他从小就立志长大后要当个好大夫，战胜天花。

---

1 爱德华·詹纳（1749—1823）：英国医生、医学家、科学家，以研究及推广牛痘疫苗，防治天花而闻名，被称为"免疫学之父"，并且为后人的研究打开了通道，促使巴斯德、科赫等人针对其他疾病寻求治疗和免疫的方法。

长大后，詹纳到英国伦敦学医，之后回到家乡，开了一家诊所。

一个偶然的机会，詹纳接触到了一些在牛奶厂负责挤牛奶的女工，他发现这些女工身上都长有一些像天花病人一样的脓疱，但这些女工并没有得过天花。经过一番研究，詹纳搞清楚了，原来这些女工感染的是牛天花。

人感染了牛天花后，虽然身上会长出天花脓疱，但不会有其他的天花症状，更不会危及生命。最重要的是，人一旦感染了牛天花，就再也不会感染天花了——这简直是一个出乎意料的福利。

这个发现令詹纳十分激动，他意识到，自己极有可能已经找到了战胜天花的方法了！

1796 年 5 月 14 日，詹纳找到一个患牛痘病的挤奶女工，她叫萨拉·内尔姆斯，詹纳用针从萨拉·内尔姆斯手臂上的水疱里，吸出一点脓液，随后用蘸有脓液的针头，划破了一个从来没有得过牛痘和天花的 8 岁男孩的胳膊。

这个 8 岁男孩名叫詹姆斯·菲普斯，在胳膊被划破的第 4 天，小詹姆斯的伤口处，出现了一系列感染牛痘的反应，也就是生出了一些脓疱，但没有其他症状，接种了牛痘的小詹姆斯平安无事。

为了验证接种牛痘是否能够抵御天花，实验进行到了最大胆的一步，此时，詹纳的内心极度煎熬，因为他要故意为小詹姆斯感染天花病毒了，如果过程中出现了意外，后果将不堪设想。

6 周之后，詹纳对小詹姆斯进行了天花病毒接种。经历了忐忑的等待，终于出现了令人欣喜的结果——小詹姆斯并没出现任何感染天花的症状，詹纳的首次试验成功了！

然而，詹纳并没有急于发表这个只进行过一次试验的研究成果，为了确认试验的有效性和安全性，詹纳又对 23 个人进行了牛痘接种试验，所有的试验都取得了成功！

这些试验充分证明，接种牛痘可以有效预防天花！

# 牛痘和人痘的区别

想必大家一定很好奇，牛痘接种为什么能够预防天花呢？

牛痘，是一种发生在牛身上的传染性疾病，这种疾病是由牛痘病毒引起的，这种疾病不仅在牛群之间传染，也可以感染到人。

不过，人感染牛痘病毒之后，只会出现一些轻微的不适症状，比如水疱，并不会有生命危险。而人一旦感染过牛痘病毒，就具有天花抗体，不会再感染天花病毒了。

为什么会发生如此神奇的事呢？

因为，引起天花的病原体是天花病毒，天花病毒和牛痘病毒，同属于痘病毒科的正痘病毒属，二者有相同的抗原性。正是因为这样，感染了牛痘病毒的人，就不会再被天花病毒感染了。

如果要把人痘和牛痘做个比较的话，牛痘预防天花的效果，显然要比人痘更安全、更有效。

詹纳详细地记录了人体试验的过程和结果，并系统地研究了几种牛痘病毒预防天花的效果，把牛痘的形态特征、取浆接种方法以及接种反应等，做了详细的汇总。

詹纳将自己的研究成果编写成一篇论文，送交给了英国皇家学会。

然而，英国皇家学会却拒绝发表詹纳的论文，因为在英国皇家学会的科学家们看来，一个小小的不知名的乡村医生，根本不可能搞出像样的研究成果。

无奈之下，詹纳只好自费出版了题为《接种牛痘的原因和效果的调查》的小册子。

这本小册子在英国社会引发了一场轩然大波，且不说詹纳自己是否有名气和地位，单他提出用牛身上的病毒来给人治病，这样的想法就是完全无法被英国社会所接受的。

不论是出于传统习惯，还是社会和宗教观念，那个时候的英国民众，都无法接受，人类如此完美而高级的身体，竟然需要用牛身上的病毒来治病。

各种质疑牛痘接种的谣言，在英国伦敦的浓雾中飘荡。

英国皇家学会不相信一个普普通通的医生，竟然研究出了治疗天花的方法；教会和同行以"与畜生接触就是亵渎造物主的形象，用人体做试验是不道德的行为"等理由，一致挞伐詹纳。

甚至有人散播恐怖的言论，说如果采用詹纳的方法接种牛痘，人身上就会出现牛的特征，比如头上会长出牛犄角，皮肤上会长出牛毛，屁股后还会冒出一条牛尾巴，就连说话的声音都会变得像牛一样。

在这样的风言风语中，詹纳带着他的牛痘疫苗离开了伦敦，返回了自己的家乡。

重返家乡后，詹纳一度因为四处碰壁而极度失望，但他并没有长时间沉浸在绝望中。

很快，詹纳重新振作了起来，积极地在乡村里推广牛痘接种，并义务和免费为乡亲们接种牛痘。由于牛痘接种对于预防天花的疗效是显而易见的，詹纳的想法和行动，渐渐赢得了越来越多人的理解和接受。

在詹纳的家乡伯克利，因为人们都接种了牛痘疫苗，从此以后再也没有人因为感染天花而丧命。

# 拿破仑下令全国接种牛痘

在世界医学史上，经常会发生一些墙里开花墙外红[1]的趣事。

牛痘疫苗明明是英国医生詹纳发明的，但是无论是英国皇家学会也好，还是英国社会也好，都接受不了这种预防天花的疗法。

反而是英国以外的其他欧洲地区，率先接受了牛痘疫苗。一时间，

---

1 墙里开花墙外红：谚语，花在墙里开，却向墙外展现它的鲜红艳美。比喻人或事物往往在当地不受重视，在远处却影响很大，很受欢迎。

欧洲各国的医生和有识之士，纷纷把詹纳的论文向整个欧洲社会推广，詹纳的文章被翻译成了德文、法文、意大利文和拉丁文等，在世界各国发表。

而在欧洲牛痘疫苗的推广过程当中，有一个人绝对功不可没，那就是赫赫有名的拿破仑·波拿巴[1]——法兰西第一帝国的皇帝。

拿破仑曾经见过很多年轻的法国人因为感染了天花而不幸死去，所以，在得知牛痘接种术的新疗法后，他当即下令，要求全国接受牛痘接种。

在1804年和1805年，拿破仑连续两次亲自发布命令，规定全国未遭天花感染的法国士兵，必须接受牛痘的接种。从1808年到1811年，法国共有170万人接受了牛痘接种。

拿破仑很清楚，牛痘接种对于预防天花的重要意义，因而他对詹纳也充满了感激之情，称爱德华·詹纳为人类的救星。

看到法国人用这个方法成功防治了天花，英国社会也终于接受了詹纳的牛痘接种法，英国人甚至还成立了一个所谓的"皇家詹纳学会"，专门研究詹纳的牛痘接种法。

据记载，在英国开始推广牛痘接种法之后，18个月内，死于天花的人数减少了三分之二，不久之后，英国皇室成员也接受了牛痘接种。

1823年，爱德华·詹纳离世，在此后的100多年间，他所发明的

---

1 拿破仑·波拿巴（1769—1821）：即拿破仑一世，19世纪法国伟大的军事家、政治家，法兰西第一帝国的缔造者。法兰西第一帝国皇帝（1804—1814或1815）。

牛痘接种技术，传播到了世界的每一个角落，拯救了亿万人的生命。

在詹纳的墓碑上，刻着这样的墓志铭：

碑石的后面是人类伟大的名医、不朽的詹纳的长眠之地。他以毕生的睿智为半数以上的人类带来了生命和健康。让所有被拯救的儿童都来歌颂他的伟业，将其英名永记心中……

一位优秀的医学家和科学家，必须具有不怕失败和挫折的品质，而詹纳刚好就兼具这两种品质。当他遭到英国皇家学会拒绝的时候，并没有灰心，而是继续执着于牛痘接种的研究，正是由于他锲而不舍的精神，牛痘接种法才在欧洲乃至全世界得到推广和普及，为人类掀开了免疫学史上的新篇章。

学医出身的鲁迅先生，也在他的《拿破仑与隋那[1]》一书当中，深情地写道：

但我们看看自己的臂膀，大抵总有几个疤，这就是种过牛痘的痕迹，是使我们脱离了天花的危症的。自从有这种牛痘法以来，在世界上真不知救活了多少孩子，——虽然有些人大起来也还是去给英雄们做炮灰，但我们有谁记得这发明者隋那的名字呢？

---

1 隋那：是"詹纳"的另一种中文翻译。

# 决战的前夕

自从牛痘疫苗发明之后，人类在对抗天花的斗争中，开始转败为胜，并节节胜利。

1939年，英国首先消灭了天花病毒；1949年，美国消灭了天花病毒。

人类，终于第一次看到了彻底消灭天花病毒的曙光！

1796年，詹纳第一次完成牛痘接种实验；1798年，詹纳发表了牛痘的研究成果；在此后的100多年间，牛痘疫苗在世界范围内，拯救了亿万人的生命。

然而，詹纳的这一伟大发明，是否能够帮助人类最终消灭天花呢？

早在1953年，世界卫生组织第一任总干事奇泽姆就提出了"要在全球消灭天花"的宏伟目标，但是，很多国家都觉得这个目标太过庞大，太过复杂，难以实现，所以，这个提议没有得到执行。

直到1962年，两起偶然事件的发生，才终于改变了英、美等国的想法。

1962年，美国出现了一次天花病毒引发的恐慌——一个年轻小伙在从巴西返回加拿大的过程中，被查出感染了天花病毒，由于他曾途经纽约转机，因此，美国政府在纽约展开了严密的调查，所有与小伙接触过的人和疑似接触者，都被紧急接种了天花疫苗。

无独有偶，在同一年，5名国外天花病毒的携带者进入了英国，为此，数百万惊恐的英国人紧急接种了疫苗，尽管如此，15周后，依然有25个英国人因感染天花而丧生，成了这起事件的牺牲者。

这两起偶然事件的发生，终于让人们意识到，只有世界各国联起手来，才能真正在全球范围内彻底消灭天花。

1966年，第19次世界卫生大会经过激烈的争论，决定开展全球性大规模扑灭天花的运动。

如何彻底扑灭天花病毒呢？

落实到行动上，就是通过普及牛痘疫苗的方式，人为地停止天花病毒的大范围传播。谁也没有想到，这场消灭天花的战役，竟然一打就是十几年！

# 人类彻底战胜天花

1967年，在世界卫生组织的领导下，各国专家和医务工作者奔赴还有天花流行的国家，进行牛痘疫苗的接种。

在这一年，非洲的 19 个国家中，共有 7000 万人接受了牛痘接种。

随着全球行动的开展，到了 1968 年，天花流行的国家降为 31 个，全世界感染天花的人数仅剩 8 万人。

1968 年，比利时消灭天花；1970 年，丹麦消灭天花；1972 年，德国消灭天花；此后，阿富汗、巴基斯坦和孟加拉等国，也相继宣布消灭了天花；到了 1975 年年底，天花已经从亚洲彻底灭绝。

1975 年，天花在全世界范围内已经被有效地遏制，人们的视线纷纷投向了仅存天花的非洲地区。

1975 年，在非洲的埃塞俄比亚，人类消灭天花的最后一役正在展开，如果这场战役成功了，就可以宣布人类已经彻底消灭了天花病毒。因此，世界卫生组织招聘、培训了大量的天花监测和疫苗接种人员，调动了大量的资源，参与到埃塞俄比亚消灭天花的行动当中。

然而，就在行动即将获得成功的时候，一个意外发生了——有流动人口进入了邻国的索马里地区，将天花病毒从埃塞俄比亚带到了索马里，于是，人们在索马里地区又展开了一场围剿天花的加时赛。

1977 年 10 月 26 日，索马里的一个名叫阿里·马奥·马阿林的炊事员康复了，这一天，就此成为全世界消灭天花的最后日期。

天花，成了人类战胜的第一种瘟疫！

最后，让我们将目光移回开篇提到的那起实验室爆炸事故，俄罗斯官方宣称，虽然实验室发生了爆炸，但没有产生任何可怕的后果。虽然如此，这起事故仍然不免引起了世界范围内的公众恐慌。

关于是否应该彻底销毁天花病毒样本的争论，再次被推上舆论的风口浪尖。

数年来，学术界就这个争论，展开过大量激烈的讨论，但一直没有定论。对于是否销毁天花样本的投票会议，也被世界卫生组织一再推迟。

天花病毒已经被彻底消灭，为什么人类还要保留着病毒的样本呢？

事实上，我们只是消灭了天花病毒在自然界中的存在，然而直到今日，我们依然没有办法治疗感染了天花的病人。

换句话说，天花病毒虽然已被消灭，但是人类并没有发明出能够治愈疾病的特效药。保留天花病毒的样本，一是希望通过研究，找到能够治疗天花的药物；二是对未来免疫学的研究、认识新的疾病保留一些参考依据。

持销毁意见的阵营认为，目前世界上有一半的人口，从未接种过天花疫苗，一旦病毒意外被释放，将会引发极为可怕的流行病，带来灾难性的后果。

天花病毒在 1980 年被宣布消灭，天花疫苗则从 1982 年后停止接种，所以，1982 年以后出生的人，对天花病毒来说，基本上就是免疫空白人群。

其实，无论是支持销毁天花病毒的一方，还是反对销毁天花病毒的一方，双方的理由都源自对这种可怕疾病的恐惧。而显而易见的是，这个悬而未决的争议，在可预见的未来，仍然难以得到有效的解决。

# 结　语

　　从最古老的记录到无数次肆虐全球，天花伴随着人类的成长，也见证了人类文明的进步。

　　从无可奈何、无计可施到最终消灭天花病毒，人类取得了医学上的一场史诗般的胜利！

　　天花剿灭战的最终胜利，不但保护了亿万人的生命，也为现代医学提供了一把钥匙，引领众多的生物学家和医学家，进入免疫研究的大门。

　　它是一针强心剂，让人类有勇气战胜其他病毒；它更是一把利剑，劈开了人类预防疾病的新篇章！